真肥料包装袋标识

假肥料包装袋标识

真肥料外观

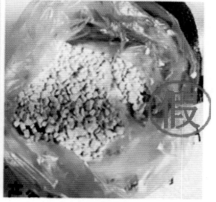

假肥料外观

彩图 1　红牛硫酸钾肥料真假对比

彩图 2　城市污水沉淀物

彩图 3　工业废水沉淀污泥

彩图 4　造纸厂的下脚料

彩图 5　风化煤

彩图 6　味精厂的下脚料

彩图7　标注为挪威、以色列、美国公司的假冒肥料产品

彩图8　标注为挪威生产的假冒肥料产品

彩图 9　标注"创造中国肥料第一品牌"的虚假宣传

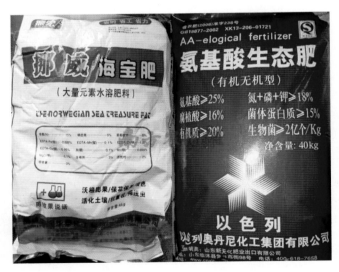

彩图 10　标注为挪威、以色列生产的假冒肥料产品

果蔬科学施肥技术丛书

肥料质量鉴别

主　编　宋志伟　程道全
副主编　郑天霞　王　凯
参　编　杨首乐　郑帅明

机械工业出版社

本书在介绍肥料基本常识、肥料的性质与科学施用的基础上，重点介绍了肥料的包装与标识、肥料的登记与管理、肥料的标准、科学购买肥料，以及市场上假冒伪劣肥料的类型、肥料的简易识别、肥料的定性鉴定、常用肥料的鉴别等，以解决广大用户在选购肥料时遇到的难题。

本书中穿插"温馨提示""身边案例""施用歌谣""鉴别歌谣"等栏目，体例新颖、针对性强、实用价值高，适合广大种植户、各级农业技术推广部门、肥料生产企业使用，也可供土壤肥料科研教学部门的科技人员、肥料经销人员阅读参考。

图书在版编目（CIP）数据

肥料质量鉴别/宋志伟，程道全主编. —北京：机械工业出版社，2019.2

（果蔬科学施肥技术丛书）

ISBN 978-7-111-61850-8

Ⅰ. ①肥… Ⅱ. ①宋… ②程… Ⅲ. ①肥料 - 产品质量 - 鉴别 Ⅳ. ①S146

中国版本图书馆 CIP 数据核字（2019）第 012339 号

机械工业出版社（北京市百万庄大街22号 邮政编码100037）
策划编辑：高 伟 责任编辑：高 伟
责任校对：张 力 责任印制：孙 炜
保定市中画美凯印刷有限公司印刷
2019 年 3 月第 1 版第 1 次印刷
147mm×210mm · 6.75 印张 · 2 插页 · 222 千字
0001—3000 册
标准书号：ISBN 978-7-111-61850-8
定价：29.80 元

前言

肥料是作物的"粮食"，是重要的农业生产资料之一，也是现代农业发展的重要物质基础，在农业可持续发展、美丽乡村建设中起着重要作用。合理施用肥料，可以增加作物产量，改善农产品品质，改善土壤性状，保护环境，提高农业效益，增加农民收入。但随着科学技术的不断进步和现代农业的不断发展，肥料的种类和品种日益增多，新型肥料品种不断涌现，也为不法商贩生产销售假冒伪劣肥料提供了可乘之机。面对这种局面，如何鉴别、选购与施用肥料，是广大用户必须面对的问题，也直接关系着农业生产效益和用户的收益。一旦选用了假冒伪劣肥料，就会对作物造成危害，甚至导致绝产，坑害广大种植户的利益，导致土壤肥力下降和农田生态的破坏。

为帮助广大用户正确选购和科学施用肥料，同时为了肥料经销人员便于识别假冒伪劣肥料产品，杜绝坑农害农现象发生，我们组织有关技术人员编写了本书。本书在介绍肥料基本常识、肥料的性质与科学施用的基础上，重点介绍了肥料的包装与标识、肥料的登记与管理、肥料的标准、科学购买肥料，以及假冒伪劣肥料类型、肥料的简易识别、肥料的定性鉴定、常用肥料的鉴别等，以解决广大用户的难题。为了方便广大种植户和肥料经销人员更好地掌握，本书采取图、表、文字结合的方式，穿插"温馨提示""身边案例""施用歌谣"等栏目，体例新颖、针对性强、可读性强、实用价值高，适合广大种植户、各级农业技术推广部门、肥料生产企业使用，也可供土壤肥料科研教学部门的科技人员、肥料经销人员阅读参考。

本书由宋志伟、程道全任主编，郑天霞、王凯任副主编，杨首乐、郑帅明参与编写，全书由宋志伟统稿。在本书编写过程中得到河南农业职业学院、河南省土壤肥料站、开封市土壤肥料站、三门峡市陕州区农业畜牧局及众多农业和肥料企业等单位领导与有关人员的大力支持，在此表示感谢。在本书编写过

程中参考引用了许多作者的文献资料和一些厂家的包装及证书图片，在此谨向其作者和企业深表谢意。

由于编者水平有限，书中难免存在疏漏和错误之处，敬请专家、同行和广大读者批评指正。

编　者

目录

第一章

肥料的基本常识

肥料是作物的"粮食",科学施用肥料具有良好的增产、增收、增效、改善环境等作用,而了解肥料基本常识是鉴别肥料真假的基础。

第一节 肥料概述

肥料是指用于提供、保持或改善作物营养和土壤物理、化学性能及生物活性,能提高作物产量,或改善产品品质,或增强作物抗逆性的有机、无机、微生物及其混合物料。

一、肥料的主要种类与特点

随着科学技术的发展,肥料的品种日益繁多,但对肥料的分类目前尚没有统一的方法,常从不同的角度对肥料种类加以区分,常见的分类方法见表1-1。

表1-1 肥料常见的分类方法

分类依据	类 型	含 义	示 例
来源与组分	化学肥料	又称无机肥料,是指在工厂里用化学方法合成的或采用天然矿物生产的肥料	尿素、硫酸钾、过磷酸钙等
	有机肥料	是指来源于植物和(或)动物,施于土壤,以为植物提供养分为主要功效的含碳物料	人粪尿、厩肥、绿肥等
	生物肥料	又称微生物肥料,是指含活性微生物的特定制品,应用于农业生产中,能够获得特定的肥料效应	根瘤菌肥料、磷细菌肥料等

（续）

分类依据	类型	含义	示例
来源与组分	有机无机肥料	是指标明养分的有机和无机物质的产品，由有机肥料和化学肥料混合和（或）化合制成	有机无机复混肥
有效养分数量	单质肥料	氮、磷、钾三种养分或微量元素养分中，仅具有一种养分标明量的化学肥料	碳酸氢铵、氯化钾、硼砂等
	复混肥料	氮、磷、钾三种养分中，至少有两种养分标明量，由化学方法和（或）掺混方法制成的肥料，包括复合肥料和混合肥料	磷酸二氢钾、花生专用肥等
肥效作用方式	速效肥料	养分易被植物吸收、利用，肥效快的肥料	碳酸氢铵、硝酸铵等
	缓效肥料	养分所呈现的化合物或物理状态，能在一定时间内缓慢释放，供植物持续吸收利用的肥料	尿甲醛、包裹尿素等
肥料的化学性质	碱性肥料	化学性质呈碱性的肥料	碳酸氢铵等
	酸性肥料	化学性质呈酸性的肥料	过磷酸钙等
	中性肥料	化学性质呈中性或接近中性的肥料	尿素等
反应性质	生理碱性肥料	养分经植物吸收利用后，残留部分导致生长介质酸度降低的肥料	硝酸钠等
	生理酸性肥料	养分经植物吸收利用后，残留部分导致生长介质酸度提高的肥料	硫酸钾、硫酸铵、氯化铵等
	生理中性肥料	养分经植物吸收利用后，无残留部分或残留部分基本不改变生长介质酸度的肥料	硝酸铵等
肥料物理状态	固体肥料	固体状态的肥料	尿素、过磷酸钙等
	液体肥料	悬浮肥料、溶液肥料和液氨肥料的总称	液氨、液体水溶肥料、聚磷酸铵悬浮液肥等
	气体肥料	常温、常压下呈气体状态的肥料	二氧化碳等

（续）

分类依据	类　型	含　义	示　例
作物对元素的需求量	大量元素肥料	利用含大量元素的物质制成的肥料	氮肥、磷肥、钾肥等
	中量元素肥料	利用含中量元素的物质制成的肥料	钙肥、镁肥、硫肥
	微量元素肥料	利用含微量元素的物质制成的肥料	硼肥、锌肥、铁肥、钼肥、锰肥、铜肥等
	有益元素肥料	利用含有益元素的物质制成的肥料	硅肥、稀土肥料等

目前，农业生产中常用的肥料类型主要分为化学肥料、有机肥料、微生物肥料三大类，以及在此基础上研制开发的新型肥料等。

1. 化学肥料

化学肥料简称化肥，是用化学和（或）物理方法人工制成的含有一种或几种作物生长需要的营养元素的肥料。

（1）化学肥料的分类　根据作物需求量可分为大量元素肥料、中量元素肥料和微量元素肥料；根据营养成分可分为氮肥、磷肥、钾肥、钙肥、镁肥、硫肥、铁肥、锰肥、锌肥、铜肥、钼肥、硼肥等；根据所含元素多寡可以分为单质肥料和多元复合肥料；根据加工方法可以分为复合肥料、复混肥料、掺混肥料等；根据使用目的可以分为配方肥料、专用肥料、叶面肥料等；根据肥料性质可以分为水溶肥料、缓释肥料、非水溶肥料等。

（2）化学肥料的特点　化学肥料的特点主要有以下4点。

1）成分单一，养分含量高。其化学成分较简单，一般只含有 1~3 种作物必需的营养元素，但其养分含量相对较高。

2）作物易吸收。化学肥料多数是水溶性或弱酸溶性化合物，对作物来说属于速效性营养物质，易被作物吸收利用。

3）易于人工调控。施入土壤后，在一定程度上能按人们的要求改变或调控土壤中某种或数种营养元素的浓度，同时也能影响土壤的某些理化性质。

4）对贮运有一定要求。化肥的贮存、运输、二次加工与施用等都有一定的科学要求。若处理不当，有可能使肥料本身的理化性状变坏、养分损失或有效性降低。

2. 有机肥料

有机肥料是利用各种有机废弃物料加工积制而成的含有有机物质的肥料的总称，是农村就地取材、就地积制、就地施用的一类自然肥料，也称作农家肥。目前已有工厂化积制的有机肥料出现，这些有机肥料被称作商品有机肥料。

（1）有机肥料的类型　有机肥料按来源、特性和积制方法一般可分为5类：一是粪尿肥类，包括人粪尿、家畜粪尿、家禽粪、海鸟粪、蚕沙以及利用家畜粪便积制的厩肥等；二是堆沤肥类，包括堆肥（普通堆肥、高温堆肥和工厂化堆肥）、沤肥、沼气池肥（沼气发酵后的池液和池渣）、秸秆直接还田等；三是绿肥类，包括野生绿肥、栽培绿肥等；四是杂肥类，包括各种能用作肥料的有机废弃物，如泥炭（草炭）、饼肥、食用菌的废弃营养基、河泥、湖泥、塘泥、污水、污泥、垃圾肥和其他含有有机物质的工农业废弃物等；五是商品有机肥料，如精制有机肥料、有机无机复混肥料、生物有机肥料。

也有的把有机肥料分为农家肥、秸秆肥、绿肥、商品有机肥料，其中农家肥主要是人畜粪尿、厩肥、禽粪、堆肥、沤肥、饼肥等。

（2）有机肥料的特点　虽然有机肥料种类繁多，但它们有以下共同特点。

1）有机肥料是一种完全肥料。有机肥料不但含有有机质，还能提供氮、磷、钾、钙、镁、硫、铁、锰、锌、铜、钼、硼、氯等作物必需的营养元素，也能提供作物需要的氨基酸、核糖核酸等有机养分。

2）肥效慢而长。有机肥料的养分形态多为有机态，不能直接被作物吸收利用，需经过微生物分解才能被作物吸收利用。

3）可以培肥地力。有机肥料可以在微生物分解、转化过程中，形成腐殖质，促进土壤团粒形成，增强土壤保肥供肥能力。

3. 微生物肥料

微生物肥料是指一类含有活微生物的特定制品，应用于农业生产中，能够获得特定的肥料效应。在产生这种效应时，制品中的活微生物起关键作用。符合上述定义的制品均归于微生物肥料。

（1）微生物肥料的种类　微生物肥料的分类见表1-2。

表1-2 微生物肥料的分类

分类依据	微生物肥料类型
按功能分	微生物拌种剂：利用多孔的物质作为吸附剂，吸附菌体的发酵液而制成的菌剂，主要用于拌种，如根瘤菌肥料
	复合微生物肥料：两种或两种以上的微生物互相有利，通过其生命活动使作物增产
	腐熟促进剂：一些菌剂能加速作物秸秆腐熟和有机废物发酵，主要由纤维素分解菌组成
按营养物质分	微生物和有机物复合，微生物和有机物及无机元素复合
按作用机理分	以营养为主、以抗病为主、以降解农药为主，也可多种作用同时兼有
按微生物种类分	细菌肥料（根瘤菌肥料、固氮菌、解磷菌、解钾菌）、放线菌肥料（抗生肥料）、真菌类肥料（菌根真菌、霉菌肥料、酵母肥料）、光合细菌肥料

（2）微生物肥料的特点 与有机肥料、化学肥料相比较，微生物肥料的主要特点有以下几个方面。

1）节约能源，减少污染。工业合成化学肥料需要消耗大量资源和能量，排放大量的二氧化碳和废气，而固氮微生物可将空气的氮转化为能被作物吸收利用的氮，因而可以大量节约能源、减少废气排放。

2）无毒无污染。合格的微生物肥料对环境污染少。同时，微生物肥料多采用有机肥原料作载体，有利于改善土壤质量。生物菌肥和生物有机肥是优质的有机肥和微生物菌种，不含人工合成的化学物质，可以符合严格的绿色食品肥料甚至有机食品肥料的要求。

3）培肥地力，提高化肥利用率。微生物肥料主要通过各种菌剂促进土壤中难溶性养分溶解和释放。同时，菌剂代谢过程中释放出大量的无机和有机酸性物质，能够促进土壤中微量元素硅、铝、铁、镁、钼等的释放及螯合，有效打破土壤板结，促进团粒结构形成，使被土壤固定的无效肥料转化成有效肥料，从而改善土壤中养分的供应情况、通气状况及疏松程度。例如，各种自生、联合、共生的固氮微生物肥料可以增加土壤中的氮素来源；多种解磷、解钾微生物可以将土壤中难溶的磷、钾分解出来，从而被作物吸收利用，增加土壤肥力。

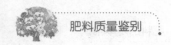
4）促进作物生长，提高产量，改善品质。微生物肥料的施用，促进了激素即植物生长调节剂的产生，从而调节、促进作物的生长发育。微生物菌剂还可使作物产生植物激素类物质，能刺激和调节作物生长，使作物生长健壮，营养状况得到改善。使用微生物肥料可以提高农产品中的维生素C、氨基酸和糖分的含量，有效降低硝酸盐含量。

温馨提示

都说微生物菌肥用不起，其实账得这么算……

在山东、河南、陕西、甘肃等主要经济作物区，尤其是老龄果树区，微生物菌肥已经成为经销商和农民保证作物产量，挽回经济损失的首选肥料。为什么有的人觉得微生物菌肥用不起，而有的人却说微生物菌肥能帮农民省大钱？微生物菌肥究竟能治愈哪些病害？效果有多神奇？

① 重茬病发病率已攀升至30%，毁灭性极强！河北省石家庄市东部是葡萄、苹果、梨、西红柿、黄瓜等的主产区。"这两年，作物病害越来越多、越来越重，肥料不少使，产量就是上不去，尤其是品质越来越低！"石家庄市创锦农业科技有限公司农技负责人李老师所反馈的问题，在石家庄东部地区十分普遍。据李老师观察，当地果树中已有10%左右已经发生烂根死树症状，此外因黄叶病、小叶病等病害而引发的显性症状也已高达30%，蔬菜重茬病发病率攀升至20%~30%。"发病这么重，归根结底还是土壤的问题！"李老师对当地逐年攀升的病害原因归结为两点。一是病菌侵染严重。"作物连作，重茬特别严重，再加上农民为了高产滥用化肥，土地板结、酸化面积越来越大，地里也没有及时补充有机质和微生物。"正常的果树能正常结果40多年，但是现在当地大部分果树超过10年就会出现各种问题，土壤中有机质、微生物的缺乏，造成果树根系上移，营养吸收和抵抗力都变差，自然更容易得病。二是土壤深耕不佳。"现在农民种地图省事，不像以前一样深层翻土，加上土壤板结，更不利于果树根系的生长和吸收养分。"

② 微生物菌肥不是万金油，但对这些病疗效还不错！2013年，李老师开始尝试用微生物菌肥给果树和蔬菜治病。"微生物菌肥不是万金油，但对于因为土壤问题导致的小叶病、黄叶病、重茬问题比较有效。"

李老师说，"能不能救得好，还要看发病的程度，如果一棵树枯得就剩几个叶子，肯定救不过来。只要能将病情控制在一半程度以内，就可以尝试救治。"李老师的救治办法是：首先诊断病情，如果可救治，建议春天和秋天各埋施 1 次微生物菌肥，每棵树 5 千克，树龄偏大的果树，每棵树可酌情增施 0.5 ~ 1 千克，这期间不要用化肥。正常情况，45 天左右就能看出疗效，严重的 1 年左右也可以基本恢复正常，挂果率能与正常果树齐平甚至更高。以苹果为例，正常亩（1 亩 ≈ 666.7 米^2）产是 3000 ~ 4000 千克，用微生物菌肥调理过的果树，挂果能在 4000 ~ 4500 千克。但李老师强调，虽然使用微生物菌肥可以帮助果树增产 20% ~ 30%，但是不建议盲目追求高产，而要更重视果品品质。

③ 砍一棵树至少损失 700 元？花小钱解决大问题，值！李老师还算了一笔经济账。如果一棵果树发生病害，治不好只能砍树，如果按照当地 1 亩苹果 1 万元左右收益计算，当年这棵树的结果损失就是 200 多元。农民还要重新买苗木，假设成活率是 100%，2 年内无法结果，又损失 400 多元，这还没有算人工和水费等。仅一棵树的损失就达 700 ~ 800 元。此外，一棵树发病，还会通过铁锹将病毒传递给其他果树，虽然速度缓慢，但损失也不可忽略。李老师核算，当地一袋微生物菌肥价格一般为 100 ~ 130 元，对土壤问题导致的果树病害治愈率为 70% ~ 80%，确实能帮农民挽回不必要的损失。相比果树，蔬菜大棚重茬病的蔓延速度很快，全棚浇水也可能引发病害的大面积暴发，甚至绝产。"微生物菌肥中的有益菌可以消灭病菌，能很好地控制和救治重茬病害。"李老师表示对于蔬菜大棚，微生物菌肥能挽回农民更多的损失。

黑龙江省虎林市主要以水稻种植为主，当地农资经销商张经理说，他为当地农民算的是增产账。自从水稻保护价撤了之后，当地种植大户对投入产出更加精打细算，另外希望通过产出高品质的水稻来提高售价。八五零农场的杨先生就是张经理的客户之一。据介绍，杨先生的水稻田正常情况亩产（标准亩）在 600 千克左右，收购价 2.8 元/千克左右。使用复合微生物菌肥的水稻亩产增了 10% 左右，因为水稻的品质好，收购价提高了 0.2 元/千克左右，这样核算下来，1 亩地能多赚 300 多元，肥料成本的增加一般是 30 ~ 40 元，1 亩地纯利润增加了

250 元左右。杨先生一共有几百亩地，利润增加非常可观。此外，张经理还说，微生物菌肥还可以缓解因除草剂使用不当造成的药害问题。当地农民对微生物菌肥的认知度正在提升。

4. 新型肥料

新型肥料有别于传统的、常规的肥料，表现在功能拓展或功效提高、肥料形态更新、新型材料的应用、肥料运用方式的转变或更新等方面，能够直接或间接地为作物提供必需的营养成分；调节土壤酸碱度，改良土壤结构，改善土壤理化性质和生物化学性质；调节或改善作物的生长机制；改善肥料品质和性质或提高肥料的利用率。新型肥料常分为缓控释肥料、稳定性肥料、水溶性肥料、功能性肥料、商品化有机肥料、微生物肥料、增值尿素和有机无机复混肥料 8 个类型。

二、肥料在农业可持续发展中的作用

作物所需的 16 种必需营养元素，在作物生长发育过程中具有同等重要和不可替代的作用。因此，根据不同作物、不同生育期对营养的需求，采取作物基肥、种肥、追肥的方式全过程供给养分，除满足作物生长期中营养临界期和最大效率期的营养需要外，还在作物各个生育阶段中供给足够的养分，给作物生长提供"营养套餐"，发挥养分之间的交互作用，实现节肥增产、营养平衡的效果。

1. 增加作物产量

据联合国粮食与农业组织（FAO）统计，在 1950—1970 年世界粮食增产较快的 20 年中，粮食总产量增加近 1 倍，在各种增产因素中，增施肥料起到 40%~65% 的作用。目前，我国小麦平均亩产达到 300 ~ 400 千克，高产地区达到 750 千克。其中，肥料的施用发挥了关键作用。科学家研究表明，不施肥料和施用肥料的作物亩产相差 55%~65%。北京市土肥站提供的试验资料表明，应用测土配方施肥等先进科学肥料施用技术，与习惯施用肥料相比较，粮食作物增产 10%~20%，经济作物增产 10%~20%，蔬菜、瓜果增产 25%~40%，牧草增产 30%~50%，食用菌增产 20%~30%，投入产出比为 1 : (10 ~ 60)。

2. 改善农产品品质

大量试验表明，科学施用肥料能够提高作物的抗逆性，保证作物健康生长，遏制生理性病害的发生，最终使农产品品质得到改善。例如，大豆增加粗蛋白质含量，大白菜减少粗纤维和脂肪含量，胡萝卜增加粗蛋白质和可溶性固体物含量，西瓜和葡萄的含糖量和维生素 C 含量增加，棉花提高衣分，等等。近年来，我国人均蔬菜水果供应量持续增长，在丰富食谱的同时，也提高了居民营养水平。水果和蔬菜主要通过现代化的生产方式（大棚、灌溉、肥料、农药）提高了产出。肉制品、奶制品的增长来自饲料供应的增加，而饲料生产也依赖肥料的施用。肥料极大地丰富了农业生产系统中的养分供应，为生产更多人类所需的蛋白质、能量和矿物质提供了基础。

3. 改善土壤性状和保护环境

耕地质量是粮食安全的基本保障。传统农业中耕地养分含量主要由成土矿物决定，绝大部分土壤出现了不同程度的养分缺乏。例如，我国土壤有效磷含量相对较低，据 20 世纪 80 年代开展的二次土壤普查数据显示，平均含量仅为 7.4 毫克/千克。通过施用磷肥，近 30 年来我国土壤有效磷含量上升到 23 毫克/千克。施用肥料还可以增加作物生物量，提高地表覆盖度，减少水土流失。土壤本身也是一个碳库，可以储存人类活动产生的温室气体，减轻工业化带来的负面影响。此外，通过施用化肥提高作物单产，为城市建设、交通、工业和商业发展提供了广阔的土地空间。科学施用肥料能根据土壤性质，合理选用肥料，适时适量施肥，既保证了作物对养分的需要，又改善了土壤的理化性质，从而提高土壤的肥力，减少了环境污染。

4. 提高农业效益，增加农民收入

实践证明，科学施用肥料，可以大大节约化肥的投入，产投比高，使农业步入效益农业的良性循环。实践证明，合理施用肥料，农业生产平均每亩可节约纯氮 3～5 千克，亩节本增效可达 20 元以上。

三、现代农业与肥料科学施用

现代农业是以现代发展理念为指导，以现代科学技术和物质装备为支撑，运用现代经营形式和管理手段，贸、工、农紧密衔接，产、加、销融为一体的多功能、可持续发展的产业体系。

1. 科学选择高效优化的肥料产品

先进的科学施肥技术，离不开高效优化的肥料产品。例如，我国近年来推广的测土配方施肥技术，就是将大区域的作物专用肥配方（复合肥

与小区域的作物专用肥配方（BB 肥）相结合。

根据现代农业的理念，只有集约化和高效率地投入各种生产要素，才能创造出高的土地产出率和劳动生产率，而肥料作为现代种植业最重要的生产要素，必须具备高效和优化两个特征。高效是指养分的高利用率，优化是要求肥料产品能够适应当地作物需肥特点、土壤特性、某些特定的灾害等进行的优化。因此，当前肥料产业应当加大研发投入，促进和鼓励技术创新，重视和强化新型肥料的开发，生产出适应现代农业要求的新型肥料产品，如控缓释肥、有机无机复合肥、生物功能肥、新型水溶肥料等。

2. 科学施用肥料的方法

肥料产品必须通过正确、科学的施用方法，才能发挥最好的肥效。例如：穴施、条施、深施覆土、分层施肥等都能让作物很好吸收，减少养分的渗漏、挥发损失；叶面喷施、树干注射等可有效补充作物的大、中、微量元素，做到小肥生大效；灌溉施肥、水肥一体化等更能提高肥料有效成分的利用率；机械施肥则是现代农业发展的必然趋势。

肥料的科学施用方法必须与其他的优良农业技术配合，才能最大限度发挥肥料的增产潜力，加速传统农业向现代农业转变。例如，优良的土壤耕作技术、科学的灌排水技术、作物生长发育的生物调控技术、作物化学调控技术、病虫草害综合防治技术等都与科学施肥密切相关。通过这些先进的农业技术措施，可以彻底改变农民的传统施肥观念，迅速提高农民的科学施肥水平，达到减肥增产的最佳施肥效果。

3. 推广先进适用的科学施肥技术

新型肥料产品、科学的施用方法必须有先进适用的科学施肥技术作载体，才能充分发挥肥料的效率。例如，测土配方施肥技术经过近 10 年的大力推广，农业生产平均每亩可节约纯氮 3 ~ 5 千克，亩节本增效可达 20 元以上，化肥利用率提高 3% 以上。从 2003 年起，中国农业大学张福锁教授研究的水稻养分资源综合管理技术在江苏、湖北、广东、四川、重庆等省市大面积示范应用，取得了很好的经济效益、社会效益和生态效益；山东众德集团首创的作物营养套餐施肥技术，从 2004 年开始在华北、东北、中南等地区进行大面积推广示范，收到了节本、增产、提质的显著效果。

第二节　肥料的合理施用

肥料合理施用就是综合运用现代农业科技成果，根据作物的营养特点与需肥规律，土壤的供肥特性与气候因素，肥料的基本性质与增产效应，在有机肥料为基础的前提下，选用经济的肥料用量，科学的配合比例，适宜的施肥时期和正确的施肥方法的施肥技术。

一、肥料合理施用目标

肥料合理施用不同于一般的项目或工程，它是一项长期性、规范性、科学性、示范性和应用性都很强的农业科学技术，是直接关系到作物稳定增产、农民收入稳步增加、生态环境不断改善的一项"日常性"工作。科学施用肥料能够达到以下 5 个目标。

（1）高产目标　即通过肥料合理施用使作物单产水平在原有水平上有所提高，在当前生产条件下能最大限度地发挥作物的生产潜能。

（2）优质目标　通过肥料合理施用实现均衡作物营养，使作物在产品品质上得到明显改善。

（3）高效目标　即通过合理施肥、养分配比平衡和科学分配，提高肥料利用率，降低生产成本，提高产投比，使施肥效益明显增加。

（4）生态目标　即通过肥料合理施用，减少肥料挥发、流失等损失，减轻对地下水、土壤、水源、大气等的污染，从而保护农业生态环境。

（5）改土目标　即通过有机肥和化肥配合施用，实现耕地用养平衡，在逐年提高产量的同时，使土壤肥力得到不断提高，达到培肥土壤、提高耕地综合生产能力的目标。

二、肥料合理施用原理

肥料合理施用的基本原理主要有：养分归还学说、最小养分律、报酬递减率、因子综合作用律、必需营养元素同等重要律和不可代替律、作物营养关键期等。

1. 养分归还学说

养分归还学说认为："作物从土壤中吸收养分，每次收获必从土壤中带走某些养分，使土壤中养分减少，土壤贫化，要维持地力和作物产量，就要归还作物带走的养分。"用发展的观点看，主动补充从土壤中带走的养分，对恢复地力，保证作物持续增产有重要意义。但也不是要归还从土壤中取走的全部养分，而应该有重点地向土壤归还必要的养分。

2. 最小养分律

最小养分律认为："作物产量受土壤中相对含量最小的养分控制，作物产量的高低则随最小养分补充量的多少而变化。"作物为了生长发育需要吸收各种养分，但是决定产量的却是土壤中相对含量最小的养分因素，产量也在一定限度内随着这个因素的增减而相对变化，如果无视这个限制因素的存在，即使继续增加其他养分，也难以再提高作物产量。但最小养分不是指土壤中绝对养分含量最小的养分，而是指限制作物生长发育和提高产量的关键养分。因此，在施肥时，必须首先补充这种养分。最小养分不是固定不变的，而是随条件变化而变化的。当土壤中某种最小养分增加到能够满足作物需要时，这种养分就不再是最小养分了，另一种元素又会成为新的最小养分。我国20世纪60年代氮、磷是最小养分，70年代北方部分地区钾或微量元素为最小养分。

3. 报酬递减律

报酬递减律实际上是一个经济上的定律。该定律的一般表述是："从一定土壤上所得到的报酬随着向该土地投入的劳动资本量的增大而有所增加，但报酬的增加量却在逐渐减小，亦即最初的劳动力和投资所得到的报酬最高，以后递增的单位投资和劳动力所得到的报酬是渐次递减的。"科学试验进一步证明，当施肥量（特别是氮）超过适量时，作物产量与施肥量之间的关系就不再是曲线模式，而呈抛物线模式。报酬递减律以其他技术条件不变（相对稳定）为前提，反映了投入（施肥）与产出（产量）之间具有报酬递减的关系。因此，应重视施肥技术的改进，在提高施肥水平的情况下，力争发挥肥料最大的增产作用获得较高的经济效益。

4. 因子综合作用律

因子综合作用律的中心意思是：作物产量是水分、养分、光照、温度、空气、品种，以及耕作条件、栽培措施等因子综合作用的结果，但其中必有一个起主导作用的限制因子，产量在一定程度上受该种限制因子的制约。为了充分发挥肥料的增产作用和提高肥料的经济效益，一方面施肥措施必须与其他农业技术措施密切配合，另一方面各种养分配合施用，使养分平衡供应。因此，在制订施肥方案时，利用各因子之间的相互作用效应〔其中包括养分之间及施肥与生产技术措施（如灌溉、良种选择、病虫害防治等）之间的相互作用效应〕是提高农业生产水平的一项有效措施，也是经济合理施肥的重要原理之一。

5. 必须营养元素同等重要律和不可代替律

大量试验证实，各种必需营养元素对作物所起的作用是同等重要的，它们各自所起的作用不能被其他元素代替。这是因为每一种元素在作物新陈代谢的过程中都各有独特的功能和生化作用。例如，棉花缺氮时叶片失绿，缺铁时叶片也失绿。氮是叶绿素的主要成分，而铁不是叶绿素的成分，但却是叶绿素形成所必需的。没有氮不能形成叶绿素，没有铁同样不能形成叶绿素。所以说铁和氮对作物来说都是同等重要的。

6. 作物营养关键期

作物在不同的生长发育时期，对养分吸收的数量是不同的，而有两个时期，如果能及时满足作物对养分的要求，则能显著提高作物产量，改善产品品质。这两个时期是作物营养的关键时期，即作物营养的临界期和作物营养的最大效率期。

（1）作物营养的临界期　在作物生长发育过程中，有一个时期虽对某种养分要求的绝对量不多，但要求迫切，不可缺少。如果此时缺少这种养分，就会明显影响作物的生长与发育，即使以后补施该种养分，也很难弥补由此而造成的损失。这个时期被称为作物营养的临界期。不同作物，不同营养元素的临界期是不同的。例如：棉花磷素营养临界期在二、三叶期，油菜在五叶期以前；棉花氮素营养临界期是现蕾初期。

（2）作物营养的最大效率期　在作物生长发育过程中，有一个时期作物对养分的需要量最多，吸收速率最快，产生的肥效最大，增产效率最高，这一时期就是作物营养的最大效率期，也称强度营养期。不同作物的最大效率期是不同的，如棉花的氮、磷最大效率期在盛花始铃期。

三、肥料合理施用原则

要想合理施用肥料，除了需要了解其基本原理外，还需要掌握以下基本原则。

1. 氮、磷、钾相配合

氮、磷、钾相配合是科学施肥技术的重要内容。随着产量的不断提高，在土壤高强度消耗养分的情况下，只有强调氮、磷、钾相互配合，并补充必要的微量元素，才能获得高产稳产。

2. 有机与无机相结合

肥料合理施用必须以有机肥料施用为基础。增施有机肥料可以增加土壤中有机质的含量，改善土壤理化性状，提高土壤保水保肥能力，增强土壤中微生物的活性，促进化肥利用率的提高。因此，必须坚持多种形式的有机肥料投入，培肥地力，实现农业可持续发展。

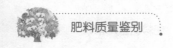

3. 大量、中量、微量元素配合

各种营养元素的配合是肥料合理施用的重要内容。随着产量的不断提高，在耕地高度集约利用的情况下，只有进一步强调氮、磷、钾肥的相互配合，并补充必要的中量、微量元素，才能实现高产稳产。

4. 用地与养地相结合，投入与产出相平衡

要使作物—土壤—肥料形成物质和能量的良性循环，必须坚持用养结合，投入产出相平衡，维持或提高土壤肥力，增强农业可持续发展能力。

四、肥料合理施用依据

要达到肥料合理施用的目的，必须坚持科学施肥。培肥地力，协调土壤和作物营养，考虑产量与品质相统一，提高肥料利用率和施肥效益，减少生态环境污染，保障农产品质量安全等是科学施肥的依据。

1. 肥料合理施用可持续培肥地力

地力的维持和提高是农业可持续发展的基本保证，不断培肥地力可使农业生产得到持续发展和提高，从而满足人口的不断增长和生活水平的提高对作物产量和品质的要求。许多耕作栽培措施，如耕作、灌溉、轮作、施肥等，都具有一定的培肥地力的作用，其中肥料合理施用是培肥地力最有效和最直接的途径。

（1）有机肥料在培肥地力中的作用　有机肥料中的主要物质是有机质，施用有机肥料增加了土壤中的有机质含量，可以改良土壤物理、化学和生物特性，熟化土壤，培肥地力。施用有机肥还可使土壤中的有益微生物大量繁殖，可以提高土壤活性和生物繁殖转化能力，从而提高土壤的吸收性能、缓冲性能和抗逆性能。有机肥料中的养分多但相对含量低，释放缓慢，而化肥单位养分含量高，成分少，释放快。两者合理配合施用，相互补充，相互促进，有利于作物吸收，提高肥料的利用率。

（2）化学肥料在培肥地力中的作用　英国洛桑试验站经过170年的长期试验结果表明，合理施用化肥不仅不会使土壤肥力下降，甚至还能使土壤肥力有所提高。化学肥料对土壤的培肥作用有直接作用和间接作用两个方面。

1）直接作用。化学肥料多为养分含量较高的速效性肥料，施入土壤后一般会在一定时段内显著提高土壤有效养分含量，但不同种类的化肥其有效成分在土壤中的转化、存留期以及后效是不相同的，因此其培肥地力的作用也不相同。对于氮肥，在中低产条件下，一方面，土壤对残留氮的保持能力很弱，残留氮多通过不同途径从土壤中损失掉；另一方面，虽然一部分氮进入有机氮库残存在土壤中，但一部分土壤氮代替了转变为有机氮库的氮肥而被作物吸收利用了，因而单施氮肥不能显著和持续地增加氮素含量，但可以提高土壤供氮能力。对于磷肥，绝大多数土壤对磷有强大的吸持固定力，而且残留在土壤中的磷不易损失而在土壤中积累起来，使得土壤具有强大和持续的供磷能力。对于钾肥，温带地区富含 2:1 型黏土矿物的黏质土，对钾有较强的吸持力，残留在土壤中的钾很少损失，能明显增强土壤的供钾能力；但是缺乏 2:1 型黏土矿物的热带、亚热带土壤对钾的吸持力很弱，残留在土壤中的钾会随水流失，只能通过连续大量施用钾肥来增强土壤的供钾能力。

2）间接作用。化学肥料的施用不仅提高了作物产量，也增大了有机肥料和有机质的资源量，使归还土壤的有机质数量增加，从而起到培肥土壤的间接作用。

2. 肥料合理施用要协调营养平衡

一方面，肥料合理施用是调控作物营养平衡的有效措施。作物的正常生长发育依赖于其体内各种养分有一个适宜的含量范围，而且要求各种养分不仅在量上能够满足需要，还要求各种养分之间保持适当的比例。一种养分过多或不足必然要造成养分之间的不平衡，从而影响作物的生长发育。在不平衡状况下，通过营养诊断，确定缺乏养分种类和程度，以施肥调控作物营养平衡是最有效的措施。另一方面，肥料合理施用是修复土壤营养平衡失调的基本手段。土壤是作物养分的供应库，但土壤中各种养分的有效数量和比例一般与作物需求相差甚远，这就需要通过施肥来调节土壤有效养分含量以及各种养分的比例，以满足作物的需要。长期实践证明，若农田长期不施肥，其自身的养分供应能力不仅低下，养分之间也不平衡，难于满足作物高产和超高产的需要。因此，为了获得高产就必须给土壤施肥。我国北方石灰性土壤的氮、磷、钾供应状况一般为缺氮、少磷，而钾相对充足；南方的红壤，砖红壤等不仅氮、磷、钾都缺乏，而且不平衡。利用肥料合理施用来修复土壤营养平衡失调是基本手段，也是根本手段。

3. 肥料合理施用要做到增加产量与改善品质相统一

（1）肥料合理施用与作物产量　化肥对作物的增产作用是众所周知的事实。据有关专家以及联合国粮食及农业组织的估计，化肥在粮食增产中的作用占到 40%~60% 的份额，肥料的生产系数（每千克肥料养分所增加的作物经济产量千克数）在 7～30 千克范围内，但不同地区和不同养分的生产系数差异很大，主要受各种养分肥料的施用历史和施用量的影响。随着施用时间的延长和施用量的增加，所施养分的生产系数有下降的趋势。

有机肥料一方面通过为作物提供养分而起到增产作用，另一方面通过改善和培肥土壤而起到增产作用。英国洛桑试验站（1850—1992 年）小麦施肥试验结果表明，试验前期化肥区小麦产量略超过厩肥区，但在试验后期（1930 年以后）厩肥区的小麦产量在多数年份超过化肥区。因此，从长期的增产效应来看，有机肥料的增产作用绝不逊于化肥甚至可超过化肥。

（2）肥料合理施用与作物品质　农产品品质主要受作物本身的遗传因素影响，但也受外界环境条件影响，其中施肥对改善作物品质具有重要作用。

1）有机肥料与农产品品质。大量试验表明，施用有机肥料不仅能提高作物品质，而且在改善农副产品与果品外观品质，保持营养风味，提高商品价值方面也有独到的功效。"七五"期间，由农业部组织的攻关组对20 余种作物的研究结果表明，在合理施用化肥的基础上增施有机肥料，能在不同程度上提高所有供试作物产品品质，如使小麦和玉米的蛋白质增加 2%～3.5%，面筋增加 1.4%～3.6%，8 种必需氨基酸增加 0.3%～0.48%；大豆的脂肪增加 0.56%，亚油酸和油酸分别增加 0.31% 和0.92%；烤烟优级烟率提高 7.3%～9.8%；西瓜糖度增加 0.8%～4.2%，瓜汁中甜味氨基酸和鲜味氨基酸分别增加 27% 和 9.9%；芦笋一级品增加6%～9%，维生素 B_1 和维生素 C 增加 5%。通过增施有机肥，减少化学氮肥的施用量，可使叶菜中硝酸盐含量降低 33%～35.5%，达到人体健康允许的水平。由此说明，施用有机肥料在改善作物营养品质、商品品质和食味品质等方面均有良好作用。

2）氮肥与农产品品质。农产品中与质量有关的含氮化合物有硝酸盐、亚硝酸盐、粗蛋白质、氨基酸、酰胺类和环氮化合物等。氮肥对作物品质的影响主要是通过提高作物中蛋白质含量来实现的。在正常生长的作物所吸收的氮中，大约有 75% 形成蛋白质。增施氮肥不仅能提高小麦蛋白质含量，还能提高面包的烘烤质量，增加透明度、容重，提高面筋的延伸性和面粉的强度。

3）磷肥与农产品品质。增施磷肥可以增加作物的粗蛋白质含量，特别是增加必需氨基酸的含量。合理供应磷可以使作物的淀粉和糖含量达到正常水平，并增加多种维生素含量。试验表明，增施磷肥可以显著增加小麦籽粒中维生素 B_1 的含量，改良小麦面粉烘烤性能，但随着磷肥施用量的增加，小麦籽粒中蛋白质含量却降低。随着施磷量的增加，小米的粗蛋白质含量增加，粗脂肪含量降低，支链淀粉及小米胶稠度增加。

4）钾肥与农产品品质。钾元素可以活化作物体内的一系列酶系统，改善碳水化合物代谢，并能提高作物的抗逆能力，合理的钾元素量可以增加产品中碳水化合物含量，如增加糖分、淀粉和纤维含量，对改善西瓜、甘蔗、马铃薯、麻类等作物的品质有良好的作用。合理的钾元素量可增加维生素含量，改善水果、蔬菜等的品质。长期田间试验表明，施钾肥不仅增加小麦千粒重，而且改善面粉的烘烤性状。施钾肥能提高大豆脂肪含量，减少大豆的蛋白质含量，但对大豆籽粒中氨基酸影响较小。适量施钾肥不仅可使棉铃增大，也可通过增加纤维长度和强度而改善棉花品质。

5）微量元素肥料与农产品品质。作物体内，特别是绿色营养部分的微量元素含量变化很大。增施不同的微量元素肥料，对农产品品质的影响不同。适度增施铁肥（主要是喷施），可以增加农产品绿色叶片（如叶菜）中的含铁量。适度增施锰肥，可提高农产品中维生素（如胡萝卜素、维生素C）的含量。施用铜肥、锌肥和钼肥，可以相应地增加农产品的含铜量、含锌量和含钼量。同时，铜肥和钼肥的施用，还可以提高农产品蛋白质的含量和质量。适度增施硼肥，可提高蔗糖产量和糖度。此外，食物和饲料中的含锰量和含钼量是农产品的重要质量标准。

4. 肥料合理施用应能提高肥料利用率

我国目前氮肥的平均利用率为30%～40%，磷肥为10%～250%，钾肥为40%～60%，有机肥为20%左右。不同地区，由于气候、土壤、农业生产条件和技术水平不同，肥料利用率相差很大。肥料利用率是衡量施肥是否科学的一项重要指标。提高肥料利用率可提高肥料的经济效益，降低肥料投入，减缓自然资源的耗竭，减少肥料生产和施用过程中对生态环境的污染。提高肥料利用率的主要途径有：有机肥料和无机肥料配合施用；氮、磷、钾肥配合施用；根据土壤养分状况和作物需肥特性施用；改进肥料剂型、施肥机具和施肥方式等。

有机肥料与无机肥料配合施用是提高肥料利用率的有效途径之一；各种养分的配合施用，如氮、磷、钾肥配合施用，大量营养元素肥料和微量营养元素肥料的配合施用，也能提高肥料利用率。

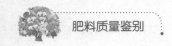

5. 肥料合理施用应使环境友好

不合理施用肥料不仅不能提高产量、改良作物品质、改良和培肥土壤，反而会导致生态污染，主要表现在：引起土壤质量下降，如造成土壤酸化或盐碱化，破坏土壤结构，使肥力下降，导致土壤污染；引起大气污染；引起地表水体富营养化；引起地下水污染；引起食品污染等。在现代农业生产中，应在保证作物优质高产的前提下，采取各种有效途径和措施实施环境友好型安全施肥。安全施肥不但能增加作物产量，而且能改善作物产品的营养品质、食味品质和外观品质，并改善食品卫生；合理安全施肥可以提高土壤营养，改善土壤结构，增进土壤"机体"健康，提高土壤对重金属离子的吸附，减轻重金属对农产品的污染；合理安全施肥可以提高化肥利用率，减少过量施用化肥对土壤环境造成的污染。

第二章
主要肥料的性质与科学施用

现代农业生产中常用到的肥料主要有：化学肥料（包括复混肥料）、有机肥料、生物肥料、新型肥料等。了解这些肥料的性质是正确鉴别肥料真假的主要依据。

 ## 第一节　化学肥料的性质与科学施用

化学肥料主要有氮肥、磷肥、钾肥、中量元素肥料、微量元素肥料、复混肥料等。

一、氮肥

生产上常用的氮肥主要有尿素、碳酸氢铵、氯化铵、硫酸铵、硝酸铵等。

1. 尿素

（1）**基本性质**　尿素为酰胺态氮肥，化学分子式为$CO(NH_2)_2$，含氮量为45%~46%。尿素为白色或浅黄色结晶体，无味无臭，稍有清凉感；易溶于水，水溶液呈中性。尿素吸湿性强，但由于尿素在造粒中加入石蜡等疏水物质，因此肥料级尿素吸湿性明显下降。

尿素在造粒过程中，温度达到50℃时，便有缩二脲生成；当温度超过135℃时，尿素分解生成缩二脲。尿素中缩二脲含量超过2%时，就会抑制种子发芽，危害作物生长。

（2）**科学施用**　尿素适于用作基肥和追肥，一般不直接用作种肥。

1）用作基肥。尿素用作基肥时可以在翻耕前撒施，也可以和有机肥掺混均匀后进行条施或沟施，一般每亩用10~20千克。用作基肥时可撒施田面，随即耕耙。春播作物地温较低，如果尿素集中条施，其用量不易

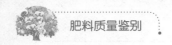

过大。

2）用作种肥。尿素中缩二脲含量不超过 1% 时，可以用作种肥，但需与种子分开，用量也不宜多。粮食作物每亩用尿素 5 千克左右，必须先和干细土混匀，施在种子下方 2～3 厘米处或旁侧 10 厘米左右。当土壤墒情不好，天气过于干旱时，最好不要将尿素用作种肥。

3）用作追肥。每亩用尿素 10～15 千克。旱地作物可采用沟施或穴施，施肥深度为 7～10 厘米，施后覆土。

4）根外追肥。尿素最适宜作根外追肥，一般喷施浓度 0.3%～1%。

▌温馨提示

①尿素是生理中性肥料，适用于各类作物和各种土壤。

②尿素在造粒过程中温度过高就会产生缩二脲甚至三聚氰酸等产物，对作物有抑制作用。缩二脲含量超过 1% 时不能用作种肥、苗肥和叶面肥。

③尿素易随水流失，水田施尿素时应注意不要灌水太多，并应结合耘田使之与土壤混合，减少尿素流失。

④尿素施用入土后，在脲酶作用下，不断水解转变为碳酸铵或碳酸氢铵，才能被作物吸收利用。尿素用作追肥时应提前 4～8 天施用。

施用歌谣

　　尿素性平呈中性，各类土壤都适用；含氮高达四十六，根外追肥称英雄；

　　施入土壤变碳铵，然后才能大水灌；千万牢记要深施，提前施用最关键。

2. 碳酸氢铵

（1）基本性质　碳酸氢铵为铵态氮肥，又称重碳酸铵，简称碳铵，化学分子式为 NH_4HCO_3，含氮量为 16.5%～17.5%。碳酸氢铵为白色或微灰色，呈粒状、板状或柱状结晶；易溶于水，水溶液呈碱性，pH 为 8.2～8.4；易挥发，有强烈的刺激性臭味。

干燥的碳酸氢铵在 10～20℃ 常温下比较稳定，但敞开放置易分解成氨、二氧化碳和水。碳酸氢铵的分解造成氮素损失，残留的水加速潮解并使碳酸氢铵结块。碳酸氢铵含水量越多，与空气接触面越大，空气湿度和温度越高，其氮素损失也就越快。因此，制造碳酸氢铵时常添加表面活性剂，适当增大粒度，降低含水量；包装要结实，防止塑料袋破损和受潮；贮存的库房要通风，不漏水，地面要干燥。

（2）科学施用 碳酸氢铵适于用作基肥，也可用作追肥，但要深施。

1）用作基肥。每亩用碳酸氢铵 30～50 千克，可结合耕翻进行，将碳酸氢铵随撒随翻，耙细盖严；或在耕地时撒入犁沟中，边施边犁垡覆盖，俗称"犁沟溜施"。

2）用作追肥。每亩用碳酸氢铵 20～40 千克，一般采用沟施与穴施。中耕作物如棉花等，在株旁 7～10 厘米处，开 7～10 厘米深的沟，随后撒肥覆土。撒肥时要防止碳酸氢铵接触、烧伤茎叶。干旱季节追肥后需立即灌水。

温馨提示

① 碳酸氢铵是生理中性肥料，适用于各类作物和各种土壤。

② 碳酸氢铵养分含量低，化学性质不稳定，温度稍高时易分解挥发，产生的氨气对种子和叶片有腐蚀作用，故不宜用作种肥和叶面施肥。

施用歌谣

碳酸氢铵偏碱性，施入土壤变为中；含氮十六到十七，各种作物都适宜；

高温高湿易分解，施用千万要深埋；牢记莫混钙镁磷，还有草灰人尿粪。

---

3. 硫酸铵

（1）基本性质 硫酸铵为铵态氮肥，简称硫铵，又称肥田粉，化学分子式为 $(NH_4)_2SO_4$，含氮量为 20%～21%。硫酸铵为白色或浅黄色结晶，因含有杂质有时呈浅灰色、浅绿色或浅棕色；易溶于水，水溶液呈中性；吸湿性弱，热反应稳定，是生理酸性肥料。

（2）科学施用 硫酸铵适宜用作种肥、基肥和追肥。

1）用作基肥。硫酸铵用作基肥时，每亩用量为 20～40 千克，可撒施随即翻入土中，或开沟条施，但都应当深施覆土。

2）用作种肥。硫酸铵用作种肥时对种子发芽没有不良影响，但用量不宜过多，基肥施足时可不施种肥。每亩用硫酸铵 3～5 千克，先与干细土混匀，随拌随播，肥料用量大时应采用沟施。

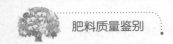

3）用作追肥。用作追肥时每亩用量为 15~25 千克，施用方法同碳酸氢铵，对于沙质土要少量多次。旱季施用硫酸铵时，最好结合浇水。

温馨提示

① 比较适合棉花、麻类作物，特别适于油菜等喜硫作物。

② 硫酸铵一般用于中性和碱性土壤，酸性土壤应谨慎施用。若需在酸性土壤中长期施用，应配施石灰和钙镁磷肥，以防土壤酸化。

③ 水田不宜长期大量施用，以防硫化氢中毒。

施用歌谣

硫铵俗称肥田粉，氮肥以它作标准；含氮高达二十一，各种作物都适宜；

生理酸性较典型，最适土壤偏碱性；混合普钙变一铵，氮磷互补增效应。

4. 氯化铵

（1）基本性质　氯化铵属于铵态氮肥，简称氯铵，化学分子式为 NH_4Cl，含氮量为 24%~25%。氯化铵为白色或淡黄色结晶，外观似食盐；物理性状好，吸湿性小，一般不易结块，结块后易碎；常温下较稳定，不易分解，但与碱性物质混合后常挥发损失；易溶于水，呈微酸性，为生理酸性肥料。

（2）科学施用　氯化铵适宜用作基肥、追肥，不宜用作种肥。

1）用作基肥。氯化铵用作基肥时每亩用量为 20~40 千克，可撒施随即翻入土中，或开沟条施，但都应当深施覆土。

2）用作追肥。氯化铵作追肥时每亩用量为 10~20 千克，施用方法同硫酸铵，但应当尽早施用，施后适当灌水。氯化铵在石灰性土壤中用作追肥时应当深施覆土。

温馨提示

① 氯化铵对于谷类作物、麻类作物的肥效与等氮量接近。忌氯作物如烟草、茶叶、马铃薯等不宜施用氯化铵。

② 氯化铵含有大量氯离子，对种子有害，不宜用作种肥。

③ 氯化铵是生理酸性肥料，应避免与碱性肥料混用。

④ 氯化铵一般用于中性和碱性土壤，酸性土壤应谨慎施用，盐碱

22

地禁用。若需在酸性土壤中长期施用，应配施石灰和钙镁磷肥，以防土壤酸化。在石灰性土壤中，如果排水不好或长期干旱，施用氯化铵后易增加盐分含量，影响作物生长。

施用歌谣

　　　氯化铵、生理酸，含有二十五个氮；施用千万莫混碱，用作种肥出苗难；

　　　牢记红薯马铃薯，烟叶甜菜都忌氯；重用棉花和水稻，掺和尿素肥效高。

5. 硝酸铵

（1）**基本性质**　硝酸铵为硝态氮肥，简称硝铵，化学分子式为 NH_4NO_3，含氮量为 34%~35%。硝酸铵为白色或浅黄色结晶，有颗粒和粉末状。粉末状硝酸铵吸湿性强，易结块。颗粒状硝酸铵表面涂有防潮湿剂，吸湿性小。硝酸铵易溶于水，易燃烧和爆炸，为生理中性肥料。

（2）**科学施用**　硝酸铵适于用作基肥，也可用作追肥，但一般不宜用作种肥。

1）用作基肥。旱地作物每亩用硝酸铵 15~20 千克，需均匀撒施，随即耕耙。

2）用作追肥。硝酸铵特别适宜旱地用作追肥，每亩可施 10~20 千克。没有浇水的旱地，应开沟或挖穴施用；水浇地施用后，浇水量不宜过大。雨季应采用少量多次方式施用。

温馨提示

① 适宜于旱地作物和土壤，一般不建议用于稻田。

② 硝酸铵贮存时要防燃烧、爆炸、防潮。

③ 在水田中施用效果差，不宜与未腐熟的有机肥混合施用。

施用歌谣

　　　硝酸铵、生理酸，内含三十四个氮；铵态硝态各一半，吸湿性强易爆燃；

　　　施用最好做追肥，不施水田不混碱；掺和钾肥氯化钾，理化性质大改观。

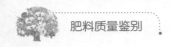

6. 硝酸钙

（1）基本性质　硝酸钙为硝态氮肥，化学分子式为 $Ca(NO_3)_2$，含氮量为 $15\% \sim 18\%$。硝酸钙外观一般为白色或灰褐色颗粒，易溶于水，水溶液为碱性，吸湿性强，容易结块，肥效快，为生理碱性肥料。

（2）科学施用　硝酸钙宜用作追肥，也可以用作基肥，不宜用作种肥。

1）用作追肥。硝酸钙用作追肥时应当用于旱地，特别是喜钙作物，一般每亩用量为 $20 \sim 30$ 千克。旱地应分次少量施用。

2）用作基肥。硝酸铵用作基肥时一般每亩用量为 $30 \sim 40$ 千克，最好与有机肥、磷肥和钾肥配合施用。

温馨提示

① 适用于各类土壤和作物，特别适宜于甜菜、马铃薯、大麦、麻类、果树等作物；适合于酸性土壤，在缺钙的酸性土壤中效果更好。不宜在水田中施用。

② 硝酸钙贮存时要注意防潮。

③ 硝酸钙由于含钙，因此不要与磷肥直接混用；避免与未发酵的厩肥和堆肥混合施用。

施用歌谣

硝酸钙、又硝石，吸湿性强易结块；

含氮十四生理碱，易溶于水呈弱酸；

各类土壤都适宜，最好施用缺钙田；

盐碱土中施用它，物理性状可改善；

最适作物马铃薯，甜菜果树和稻谷。

二、磷肥

生产上施用的磷肥主要有过磷酸钙、重过磷酸钙、钙镁磷肥等。

1. 过磷酸钙

（1）基本性质　过磷酸钙又称普通过磷酸钙、过磷酸石灰，简称普钙。其为一水磷酸二氢钙〔$Ca(H_2PO_4)_2 \cdot H_2O$〕和硫酸钙（$CaSO_4 \cdot 2H_2O$）的复合物，其中磷酸一钙约占其重量的 50%，硫酸钙约占 40%，此外还有 5% 左右的游离酸，$2\% \sim 4\%$ 的硫酸铁、硫酸铝。其有效磷（P_2O_5）含量为

14%~20%。

过磷酸钙为深灰色、灰白色或淡黄色粉状物，或制成粒径为2～4毫米的颗粒。其水溶液呈酸性，具有腐蚀性，易吸湿结块。由于硫酸铁、铝盐的存在，吸湿后，磷酸一钙会逐渐退化成难溶性磷酸铁、铝，从而失去有效性。这种现象称为过磷酸钙的退化作用。因此，在贮运过磷酸钙的过程中要注意防潮。

（2）科学施用　过磷酸钙可以用作基肥、种肥和追肥。具体施用方法为：

1）集中施用。过磷酸钙不管用作基肥、种肥还是追肥，都应集中施用和深施。用作基肥时一般每亩用量为50～60千克，用作追肥时一般用量为20～30千克，用作种肥时一般用量为10千克左右。集中施用时旱地以条施、穴施、沟施的效果为好。在集中施用和深施原则下，可采用分层施用，即2/3磷肥用作基肥深施，其余1/3在种植时用作面肥或种肥施于表层土壤中。

2）与有机肥料混合施用。过磷酸钙与有机肥料混合用作基肥时每亩用量为20～25千克。混合施用可减少过磷酸钙与土壤接触，同时有机肥料在分解过程中产生的有机酸能与铁、铝、钙等络合，对水溶性磷有保护作用；有机肥料还能促进土壤微生物活动，释放二氧化碳，有利于土壤中难溶性磷酸盐的释放。

3）酸性土壤配施石灰。施用石灰可调节土壤 pH 到 6.5 左右，减少土壤中磷素的固定，改善作物生长环境，提高肥效。

4）根外追肥。根外追肥可减少土壤对磷的吸附固定，也能提高经济效果。施用浓度，棉花、油菜为 0.5%～1%。方法是将过磷酸钙与水充分搅拌并放置过夜，取上层清液喷施。

┃温馨提示

① 过磷酸钙适宜各种作物及大多数土壤。

② 过磷酸钙不宜与碱性肥料混用，以免发生化学反应而降低磷的有效性。

③ 贮存时要注意防潮，以免结块；要避免日晒雨淋，减少养分损失。运输时车上要铺垫耐磨的垫板和篷布。

过磷酸钙水能溶，各种作物都适用；混沤厩肥分层施，减少土壤磷固定；

配合尿素硫酸铵，以磷促氮大增产；含磷十八性呈酸，贮运施用莫遇碱。

2. 重过磷酸钙

（1）**基本性质**　重过磷酸钙也称三料磷肥，简称重钙，主要成分是一水磷酸二氢钙，分子式为 $Ca(H_2PO_4)_2 \cdot H_2O$，含磷（P_2O_5）量为 42%~46%。重过磷酸钙外观一般为深灰色颗粒或粉状，性质与过磷酸钙类似。粉末状重过磷酸钙易吸潮、结块；含游离磷酸量为 4%~8%，呈酸性，腐蚀性强。颗粒状重过磷酸钙商品性好、使用方便。

（2）**科学施用**　重过磷酸钙宜用作基肥、追肥和种肥，施用量比过磷酸钙减少一半以上，施用方法同过磷酸钙。

温馨提示

①重过磷酸钙适宜各种作物及大多数土壤，但在喜硫作物上施用效果不如过磷酸钙。

②重过磷酸钙产品易吸潮结块，贮运时要注意防潮、防水，避免结块损失。

过磷酸钙名加重，也怕铁铝来固定；含磷高达四十六，俗称重钙呈酸性；

用量掌握要灵活，它与普钙用法同；由于含磷比较高，不宜拌种蘸根苗。

3. 钙镁磷肥

（1）**基本性质**　钙镁磷肥的主要成分是磷酸三钙，含五氧化二磷、氧化镁、氧化钙、二氧化硅等成分，无明确的分子式和相对分子量，有效磷（P_2O_5）含量为 14%~20%。钙镁磷肥由于生产原料及方法不同，成品呈灰白、浅绿、墨绿、灰绿、黑褐等色，为粉末状；不吸潮，不结块，无毒，无臭，没有腐蚀性；不溶于水，溶于弱酸，物理性状好，呈碱性反应。

（2）**科学施用**　钙镁磷肥多用作基肥，施用时要深施、均匀施，使其与土壤充分混合。每亩用量为 15~20 千克，也可采用一年 30~40 千克，隔年施用的方法。

在酸性土壤中也可用作种肥或用于蘸秧根，每亩用量为 10 千克左右。如果与有机肥料混施，会有较好效果，但应堆沤 1 个月以上，沤好后的肥料可用作基肥、种肥。

▌温馨提示

① 适宜各种作物和缺磷的酸性土壤，特别是南方酸性红壤。钙镁磷肥对油菜、萝卜、豆科绿肥、瓜类作物等有较强的肥效。稻田施用钙镁磷肥可以补硅。

② 钙镁磷肥不能与酸性肥料混用，不要直接与过磷酸钙、氮肥等混合施用，但可分开施用。

③ 钙镁磷肥为细粉产品，若用纸袋包装，在贮存和搬运时要轻挪轻放，以免破损。

施用歌谣

钙镁磷肥水不溶，溶于弱酸属枸溶；作物根系分泌酸，土壤酸液也能溶；

含磷十八呈碱性，还有钙镁硅锰铜；酸性土壤施用好，石灰土壤不稳定；

小麦油料和豆科，施用效果各不同；施用应做基肥使，一般不做追肥用；

五十千克施一亩，用前堆沤肥效增；若与铵态氮肥混，氮素挥发不留情。

三、钾肥

生产上施用的钾肥主要有氯化钾、硫酸钾、钾镁肥、钾钙肥、草木灰等。

1. 氯化钾

（1）基本性质 氯化钾分子式为 KCl，含钾（K_2O）量不低于 60%，含氯化钾量应大于 95%。肥料中还含有氯化钠约 1.8%，氯化镁 0.8% 和少量的氯离子，水分含量少于 2%。盐湖钾肥是我国青海省盐湖钾盐矿中提炼制造而成的，主要成分为氯化钾，含钾（K_2O）量为 50%~60%，含氯化钠量为 3%~4%，含氯化镁量约为 2%，含硫酸钙量为 1%~2%，水

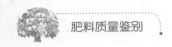

分含量为6%左右。

氯化钾一般呈白色或粉红色或淡黄色结晶，易溶于水，物理性状良好，不易吸湿结块，水溶液呈化学中性，属于生理酸性肥料。盐湖钾肥为白色晶体，水分含量高，杂质多，吸湿性强，能溶于水。

（2）科学施用　氯化钾适宜用作基肥深施，用作追肥时要早施，不宜用作种肥。

1）用作基肥。一般每亩用量为15～20千克，通常要在播种前10～15天，结合耕地施入。氯化钾配合施用氮肥和磷肥效果较好。

2）用作早期追肥。一般每亩用量为7.5～10千克，一般要求在作物苗长大后追施。

温馨提示

①氯化钾适于大多数作物，特别适用于麻类作物，但忌氯作物不宜施用，如烟草、茶树、甜菜、甘蔗等，尤其是幼苗或幼龄期更要少用或不用。

②氯化钾适宜于多数土壤，但盐碱地不宜施用。其在酸性土壤中施用时要配合施用石灰，在石灰性土壤中施用时要配合施用有机肥料。

③氯化钾具有吸湿性，贮存时要放在干燥的地方，需防雨防潮。

施用歌谣

氯化钾，早当家，钾肥家族数它大；易溶于水性为中，生理反应呈酸性；

白色结晶似食盐，也有淡黄与紫红；含钾五十至六十，施用不易做种肥；

酸性土施加石灰，中和酸性增肥力；盐碱土上莫用它，莫施忌氯作物地；

亩用一十五千克，基肥追肥都可以；更适棉花和麻类，提高品质增效益。

2. 硫酸钾

（1）基本性质　硫酸钾分子式为K_2SO_4，含钾（K_2O）量为48%～50%，含硫（S）量约为18%。硫酸钾一般呈白色或淡黄色或粉红色结晶，易溶于水，物理性状好，不易吸湿结块，是化学中性、生理酸性肥料。

（2）科学施用　硫酸钾可用作基肥、追肥、种肥和根外追肥。

1）用作基肥。硫酸钾用作基肥时，一般每亩施用量为 10～20 千克，块根、块茎作物可多施一些，每亩施用量为 15～25 千克，应深施覆土，减少钾的固定。

2）用作追肥。硫酸钾用作追肥时，一般每亩施用量为 10 千克左右，应集中条施或穴施到作物根系较密集的土层；沙性土壤一般易追肥。

3）用作种肥。硫酸钾用作种肥时，一般每亩用量为 1.5～2.5 千克。

4）根外追肥。叶面施用时，硫酸钾可配成 2%～3% 的溶液喷施。

▌温馨提示

① 硫酸钾适宜各种作物和土壤，对忌氯作物和喜硫作物（油菜、大蒜等）有较好效果。

② 硫酸钾在酸性土壤、水田上应与有机肥、石灰配合施用，不宜在通气不良土壤中施用。硫酸钾施用时不宜贴近作物根系。

施用歌谣

硫酸钾，较稳定，易溶于水性为中；吸湿性小不结块，生理反应呈酸性；

含钾四八至五十，基种追肥均可用；集中条施或穴施，施入湿土防固定；

酸土施用加矿粉，中和酸性又增磷；石灰土壤防板结，增施厩肥最可行；

每亩用量十千克，块根块茎用量增；易溶于水肥效快，氮磷配合增效应。

3. 钾镁肥

（1）基本性质　钾镁肥一般为硫酸钾镁形态，化学分子式为 $K_2SO_4 \cdot MgSO_4$，含钾（K_2O）量在 22% 以上。其除了含钾外，还含有镁 11% 以上、硫 22% 以上，因此是一种优质的钾、镁、硫多元素肥料，近几年推广施用前景很好。钾镁肥为白色、浅灰色结晶，也有淡黄色或肉色相杂的颗粒，易溶于水，水溶液呈弱碱性，不易吸潮，物理性状较好，属于中性肥料。

（2）科学施用　钾镁肥可作基肥、追肥和叶面追肥，施用方法同硫酸钾。

1）用作基肥。用作基肥时，一般每亩用量为 30~50 千克。

2）用作追肥。如生长中期用作追肥，每亩用量为 17~22 千克。

钾镁肥与等钾量（K_2O）的单质钾肥氯化钾、硫酸钾相比，农用钾镁肥的施用效果优于氯化钾，略优于硫酸钾。

温馨提示

① 钾镁肥适用于水稻、玉米、甘蔗、花生、烟草、马铃薯、甜菜、水果、蔬菜、苜蓿等农作物；适合各种土壤，特别适合南方缺镁的红黄壤地区。

② 钾镁肥多为双层袋包装，在贮存和运输过程中要防止受潮、破包。

③ 钾镁肥还可以作为复合肥料、复混肥料、配方肥料的原料，进行二次加工。

施用歌谣

钾镁肥，为中性，吸湿性强水能溶；含钾可达二十七，还含食盐和镁肥；

用前最好要堆沤，适应酸性红土地；忌氯作物不宜用，千万莫要做种肥。

4. 钾钙肥

（1）**基本性质**　钾钙肥也称钾钙硅肥，化学分子式为 $K_2SO_4 \cdot (CaO \cdot SiO_2)$，含钾（$K_2O$）量在 4% 以上。其除了含钾外，还含有氧化钙 4% 以上、可溶性硅（SiO_2）20% 以上、氧化镁（MgO）4% 左右。烧结法生产的产品，浅蓝色还带绿色的多孔小颗粒，呈碱性，溶于水；生物法生产的产品，外观为褐色或黑褐色粉粒状或颗粒状，属于中性肥料。

（2）**科学施用**　钾钙肥一般用作基肥和早期追肥，一般每亩用量为 50~100 千克。其与农家肥混合施用效果更好，施用后需立即覆土。

温馨提示

① 钾钙肥适宜各种作物，尤其是水稻、小麦、玉米、花生、甘蔗、烟草、棉花、薯类、果树等作物。

② 烧结法产品适用于酸性土壤；生物法产品适宜水田和干旱地区墒情好的土壤。生物法产品不宜用于旱田和干旱地区墒情不好的土壤，也不能与过酸过碱的肥料混合使用。

③ 钾钙肥应贮存在阴凉、干燥、通风的库房内，不易露天堆放。

<table>
<tr><td rowspan="1">施用歌谣</td><td>钾钙肥，强碱性，酸性土壤最适用；灰色粉末易溶水，各种作物都适用；
含钾只有四至五，性状较好便运输；十有七八硅钙镁，有利抗病抗倒伏。</td></tr>
</table>

5. 草木灰

（1）**基本性质**　作物残体燃烧后剩余的灰称为草木灰，含有多种元素，如钾、钙、镁、硫、铁、硅等，主要成分为碳酸钾，含钾（K_2O）量为5%~10%，主要成分能溶于水，水溶液呈碱性。草木灰颜色与成分因其燃烧不同而差异很大，颜色由灰白色至黑灰色。

（2）**科学施用**　可用作基肥、追肥和根外追肥或盖种肥。

1）用作基肥。用作基肥时，一般每亩用量为50~100千克，与湿润细土掺和均匀后于整地前撒施均匀、翻耕，也可沟施或条施，深度约为10厘米。

2）用作追肥。用作追肥时，采用穴施或沟施效果较好，每亩用量为50千克，也可叶面撒施，既能提供营养，又能减少病虫害发生。

3）用作根外追肥。用作根外追肥时，一般经济作物用1%水浸液。

4）用作盖种肥。用作盖种肥时，一般每亩用量为20~30千克，在作物播种后，撒盖在土面上。

温馨提示

① 适宜于各种作物和土壤，特别是施于酸性土壤中生长的豆科作物效果更好。

② 草木灰为碱性肥料，不能与铵态氮肥和腐熟有机肥料混合施用，也不能作为垫圈材料。

<table>
<tr><td rowspan="1">施用歌谣</td><td>草木灰含碳酸钾，黏质土壤吸附大；易溶于水肥效高，不要混合人粪尿；
由于性质呈现碱，也莫掺和铵态氮；含钾虽说只有五，还有磷钙镁硫素。</td></tr>
</table>

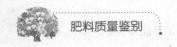

四、中量元素肥料

在作物生长过程中，需要量仅次于氮、磷、钾，但比微量元素肥料需要量大的营养元素肥料称为中量元素肥料，主要是含钙、镁、硫等元素的肥料。

1. 含钙肥料

（1）含钙肥料的种类与性质　含钙的肥料主要有石灰、石膏、硝酸钙、石灰氮、过磷酸钙等，见表2-1。

表2-1　常见含钙肥料品种和成分

名　　称	主　要　成　分	氧化钙含量（%）	主　要　性　质
石灰石粉	$CaCO_3$	44.8~56.0	碱性，难溶于水
生石灰（石灰岩烧制）	CaO	84.0~96.0	碱性，难溶于水
生石灰（牡蛎、蚌壳烧制）	CaO	50.0~53.0	碱性，难溶于水
生石灰（白云石烧制）	CaO	26.0~58.0	碱性，难溶于水
熟石灰	$Ca(OH)_2$	64.0~75.0	碱性，难溶于水
普通石膏	$CaSO_4 \cdot 2H_2O$	26.0~32.0	微溶于水
熟石膏	$CaSO_4 \cdot 1/2H_2O$	35.0~38.0	微溶于水
磷石膏	$CaSO_4 \cdot Ca_3(PO_4)_2$	20.8	微溶于水
过磷酸钙	$Ca(H_2PO_4)_2 \cdot H_2O$, $CaSO_4 \cdot 2H_2O$	16.5~28.0	酸性，溶于水
重过磷酸钙	$Ca(H_2PO_4)_2 \cdot H_2O$	19.6~20.0	酸性，溶于水
钙镁磷肥	$\alpha\text{-}Ca_3(PO_4)_2 \cdot CaSiO_3 \cdot MgSiO_3$	25.0~30.0	微碱性，弱酸溶性
氯化钙	$CaCl_2 \cdot 2H_2O$	47.3	中性，溶于水
硝酸钙	$Ca(NO_3)_2$	26.6~34.2	中性，溶于水
窑灰钾肥	$K_2SiO_3 \cdot KCl \cdot K_2SO_4 \cdot K_2CO_3 \cdot CaO$	30.0~40.0	水溶液呈碱性

（续）

名　称	主要成分	氧化钙 含量（%）	主要性质
粉煤灰	$SiO_2 \cdot Al_2O_3 \cdot$ $Fe_2O_3 \cdot CaO \cdot MgO$	2.5～46.0	难溶于水
硅钙肥	$CaSiO_3$	30.0～48.0	难溶于水
草木灰	$K_2CO_3 \cdot K_2SO_4 \cdot$ $CaSiO_3 \cdot KCl$	0.89～25.2	水溶液呈碱性
石灰氮	$CaCN_2$	53.9	强碱性，不溶于水
骨粉	$Ca_3(PO_4)_2$	26.0～27.0	难溶于水
厩肥		5.74	
泥炭		0.39～1.42	

（2）主要石灰物质　石灰是最主要的钙肥，包括生石灰、熟石灰、碳酸石灰等。

1）生石灰，又称烧石灰，主要成分为氧化钙，通常用石灰石烧制而成，多为白色粉末或块状，呈强碱性，具有吸水性，与水反应产生高热，并转化成粒状的熟石灰。生石灰中和土壤酸性能力很强，施入土壤后，可在短期内矫正土壤酸度。此外，生石灰还有杀虫、灭草和土壤消毒的功效。

2）熟石灰，又称消石灰，主要成分为氢氧化钙，由生石灰吸湿或加水处理而成，多为白色粉末，溶解度大于石灰石粉，呈碱性反应，施用时不产生热，是常用的石灰。熟石灰中和土壤酸度能力也很强。

3）碳酸石灰，主要成分为碳酸钙，是由石灰石、白云石或贝壳类磨碎而成的粉末，不易溶于水，但溶于酸，中和土壤酸度能力缓效而持久。碳酸石灰比生石灰加工简单，节约能源，成本低而改土效果好，同时不板结土壤，淋溶损失小，后效长，增产作用大。

（3）科学施用　石灰多用作基肥，也可用作追肥。

1）石灰用作基肥。在整地时将石灰与农家肥一起施入土壤，也可结合绿肥压青和稻草还田施用。水稻秧田每亩施熟石灰15～25千克，水稻本田每亩施熟石灰 50～100 千克；旱地每亩施熟石灰 50～70 千克。如果将石灰用于改土，可适当增加用量，每亩施 150～250 千克。在缺钙土壤中种植大豆、花生、块根作物等喜钙作物，每亩施用石灰 15～25 千克，沟施或穴施；白菜、甘薯可在幼苗移栽时用石灰与农家肥混匀穴施。

2）石灰用作追肥。水稻一般在分蘖和幼穗分化期结合中耕每亩追施石灰 25 千克；旱地在作物生育前期每亩条施或穴施 15 千克左右为宜。

温馨提示

①石灰主要适宜于酸性土壤和酸性土壤中种植的大多数作物，特别是喜钙作物。棉花、小麦、大麦、苜蓿等不耐酸作物要多施，蚕豆、豌豆、水稻等中等耐酸作物可少施，茶树、马铃薯、荞麦、烟草等耐酸能力强的作物可不施。

②石灰施用时要注意不应过量，否则会降低土壤肥力，引起土壤板结。此外，还要施用均匀，否则会造成局部土壤石灰过多，影响作物生长。

③石灰不能与氮、磷、钾、微肥等一起混合施用，一般先施石灰，几天后再施其他肥料。石灰肥料有后效，一般隔 3～5 年施用 1 次。

施用歌谣

钙质肥料施用早，常用石灰与石膏；主要调节土壤用，改善土壤理化性；

有益繁殖微生物，直接间接都可供；石灰可分生与熟，适宜改良酸碱土；

施用不仅能增钙，还能减少病虫害；亩施掌握百千克，莫混普钙人粪尿。

2. 含镁肥料

（1）含镁肥料的种类与性质　农业上应用的镁肥有水溶性镁盐和难溶性镁矿物两大类，含镁的肥料有硫酸镁、氯化镁、水镁矾、硝酸镁、白云石、钙镁磷肥等。一些常用镁肥的品种和成分见表2-2。

（2）水溶性镁肥科学施用　水溶性镁肥的品种主要有氯化镁、硝酸镁、七水硫酸镁、一水硫酸镁、硫酸钾镁等，其中以七水硫酸镁、一水硫酸镁应用最为广泛。

表 2-2　主要含镁肥料品种和成分

名　称	主要成分	镁含量（%）	主要性质
氯化镁	$MgCl_2 \cdot 6H_2O$	12.0	酸性，易溶于水
硝酸镁	$Mg(NO_3)_2 \cdot 6H_2O$	10.0	酸性，易溶于水
硫酸镁（泻盐）	$MgSO_4 \cdot 7H_2O$	9.6	酸性，易溶于水
硫酸镁（水镁矾）	$MgSO_4 \cdot H_2O$	17.4	酸性，易溶于水
硫酸钾镁	$K_2SO_4 \cdot 2MgSO_4$	8.4	酸性–中性，易溶于水
生石灰（白云石烧制）	CaO，MgO	8.4	碱性，微溶于水
菱镁矿	$MgCO_3$	27.0	中性，微溶于水
光卤石	$KCl \cdot MgCl_2 \cdot 6H_2O$	8.8	中性，微溶于水
钙镁磷肥	$Ca_3(PO_4)_2$，$CaSiO_3$，$MgSiO_3$	8.7	碱性，微溶于水
钢渣磷肥	$Ca_4P_2O_9$，$CaSiO_3$，$MgSiO_3$	2.3	碱性，微溶于水
钾镁肥	$MgCl_2$，$MgSO_4$，$NaCl$，KCl	16.2	碱性，微溶于水
硅镁钾肥	$CaSiO_3$，$MgSiO_3$，K_2O，Al_2O_3	9.0	碱性，微溶于水

农业生产上常用的泻盐实际上是七水硫酸镁，化学分子式为 $MgSO_4 \cdot 7H_2O$，易溶于水，稍有吸湿性，吸湿后会结块。其水溶液为中性，属于生理酸性肥料，目前，80% 以上用作农肥。硫酸镁是一种双养分优质肥料，硫、镁均为作物的中量元素，不仅可以增加作物产量，而且可以改善果实的品质。

硫酸镁作为肥料，可用作基肥、追肥和叶面追肥。其用作基肥、追肥时与铵态氮肥、钾肥、磷肥及有机肥料混合施用有较好效果；用作基肥、追肥时，每亩用量以 10～15 千克为宜；用作叶面追肥时，喷施浓度为 1%～2%，一般在苗期喷施效果较好。

硫酸镁，名泻盐，无色结晶味苦咸；
易溶于水为速效，酸性缺镁土需要；
花生烟草马铃薯，施用效果较显著；
基肥追肥均可用，配施有机肥效高；
基肥亩施十千克，叶面喷肥百分二。

3. 含硫肥料

（1）含硫肥料的种类与性质　含硫肥料种类较多，大多数是氮、磷、钾及其他肥料的成分，如硫酸镁、硫酸铵、硫酸钾、过磷酸钙、硫酸钾镁等，但只有石膏、硫黄被作为硫肥施用。主要含硫肥料品种和成分见表2-3。

表2-3　主要含硫肥料品种和成分

名称	主 要 成 分	硫含量（%）	主 要 性 质
石膏	$CaSO_4 \cdot 2H_2O$	18.6	微溶于水，缓效
硫黄	S	95~99	难溶于水，迟效
硫酸铵	$(NH_4)_2SO_4$	24.2	易溶于水，速效
过磷酸钙	$Ca(H_2PO_4)_2 \cdot H_2O$，$CaSO_4 \cdot 2H_2O$	12	部分溶于水，速效
硫酸钾	K_2SO_4	17.6	易溶于水，速效
硫酸钾镁	$K_2SO_4 \cdot 2MgSO_4$	12	易溶于水，速效
硫酸镁	$MgSO_4 \cdot 7H_2O$	13	易溶于水，速效
硫酸亚铁	$FeSO_4 \cdot 7H_2O$	11.5	易溶于水，速效

（2）含硫物质　主要有石膏和硫黄。农用石膏有生石膏、熟石膏和磷石膏三种。

1）生石膏，即普通石膏，俗称白石膏，主要成分是二水硫酸钙。它由石膏矿直接粉碎而成，呈粉末状，微溶于水，粒细有利于溶解，改土效果也好，粒度以过60目筛（孔径约为0.25毫米）为宜。

2）熟石膏，又称雪花石膏，主要成分是1/2水硫酸钙，由生石膏加热脱水而成，吸湿性强，吸水后又变成生石膏，物理性质变差，施用不便，宜贮存在干燥处。

3）磷石膏，主要成分是$CaSO_4 \cdot Ca_3(PO_4)_2$，是硫酸分解磷矿石制取磷酸后的残渣，是生产磷铵的副产品。其成分因产地而异，一般含硫

（S）量为 11.9% ，含五氧化二磷的量为 2% 左右。

4）农用硫黄（S），含硫量为 95%~99% ，难溶于水，施入土壤经微生物氧化为硫酸盐后被作物吸收，肥效较慢但持久。农用硫黄必须 100% 通过 16 目（孔径约为 0.63 毫米）筛，50% 通过 100 目（孔径约为 0.15 毫米）筛。

（3）石膏科学施用

1）改良碱地施用。一般土壤中氢离子浓度在 1 纳摩尔/升以下（pH 在 9.0 以上）时，需要用石膏中和碱性，其用量视土壤中交换性钠的含量来确定。交换性钠占土壤阳离子总量 5% 以下时，不必施用石膏；占 10%~20% 时，适量施用石膏；占 20% 以上时，石膏施用量要加大。

石膏多用作基肥，结合灌溉排水施用。由于一次施用难以撒匀，因此可结合双季稻及冬播小麦耕翻整地，分期分批施用，以每次每亩 150~200 千克为宜。同时，结合粮棉和绿肥间套作或轮作，不断培肥土壤，效果更好。施用石膏时要尽可能研细，石膏溶剂度小，后效长，不必年年施用。如果碱土呈斑状分布，其碱斑面积不足 15% 时，石膏最好撒在碱斑面上。

磷石膏含氧化钙少，但价格便宜，并含有少量磷素，也是较好的碱土改良剂，其用量以比石膏多 1 倍为宜。

2）作为钙、硫营养施用。一般水田可结合耕作施用石膏或栽秧后撒施，每亩用量以 5~10 千克为宜；塞秧根每亩用量为 2.5 千克；用作基肥或追肥时，每亩用量 5~10 千克为宜。

石膏旱地基施时撒施于土表，再结合翻耕，也可条施或穴施用作基肥，一般基肥用量每亩以 15~25 千克为宜，种肥每亩用量以 4~5 千克为宜。花生可在果针入土后 15~30 天施用石膏，每亩用量为 15~25 千克。

温馨提示

①石膏主要用于碱性土壤改良，或用于缺钙的沙质土壤、红壤、砖红壤等酸性土壤。

②石膏施用量要合适，过量施用会降低硼、锌等微量元素的有效性。

③石膏要配合有机肥料施用，还要考虑钙与其他营养离子间的相互平衡。

<table>
<tr><td rowspan="3">施
用
歌
谣</td><td>石膏性质为酸性，改良碱土土壤用；无论磷石与生熟，都含硫钙二元素；</td></tr>
<tr><td>碱土亩施百千克，深耕灌排利改土；早稻亩施五千克，分蘖增加成穗多；</td></tr>
<tr><td>喜硫作物有多种，蔬菜油菜及花生；施于豆科作物土，品质提高产量增。</td></tr>
</table>

五、微量元素肥料

对于作物来说，含量为 0.2~200 毫克/千克（按干物重计）的必需营养元素称为微量营养元素，主要有锌、硼、锰、钼、铜、铁、氯 7 种。由于氯因自然界中比较丰富，未发现作物缺氯症状，因此一般不用作肥料施入。

1. 硼肥

(1) 硼肥的主要种类与性质　硼是应用最广泛的微量元素之一。目前，生产上常用的硼肥主要有硼砂、硼酸、硬硼钙石、五硼酸钠、硼钠钙石、硼镁肥等，其中最常用的是硼砂和硼酸，见表 2-4。

表 2-4　主要硼肥养分含量及特性

名　称	分　子　式	硼含量（%）	主要特性	施肥方式
硼酸	H_3BO_3	17.5	易溶于水	基肥、追肥
硼砂	$Na_2B_4O_7 \cdot 10H_2O$	11.3	易溶于水	基肥、追肥
无水硼砂	$Na_2B_4O_7$	约 20	易溶于水	基肥、追肥
五硼酸钠	$Na_2B_{10}O_{16} \cdot 10H_2O$	18~21	易溶于水	基肥、追肥
硼镁肥	$H_3BO_3 \cdot MgSO_4$	1.5	主要成分溶于水	基肥
硬硼钙石	$Ca_2B_6O_{11} \cdot 5H_2O$	10~16	难溶于水	基肥
硼钠钙石	$NaCaB_5O_9 \cdot 8H_2O$	9~10	难溶于水	基肥
硼玻璃	—	10~17	溶于弱酸	基肥

1) 硼酸，化学分子式为 H_3BO_3，外观为白色结晶，含硼（B）量为 17.5%，冷水中溶解度较低，热水中较易溶解，水溶液呈微酸性。硼酸为

速溶性硼肥。

2）硼砂，化学分子式为 $Na_2B_4O_7 \cdot 10H_2O$，外观为白色或无色结晶，含硼（B）量为11.3%，冷水中溶解度较低，热水中较易溶解。

在干燥条件下硼砂失去结晶水而变成白色粉末状，即无水硼砂（四硼酸钠），易溶于水，吸湿性强，称为速溶硼砂。

（2）硼肥适用作物与土壤

1）作物对硼的反应。作物种类不同，对硼的需要量也不同。缺硼最敏感的经济作物有甜菜、油菜；需硼较高的经济作物有棉花等。同等土壤条件下，硼肥优先施用在需硼量较大的作物上。

2）土壤条件。土壤中水溶性硼含量低于0.25毫克/千克时为严重缺硼，低于0.55毫克/千克时为缺硼，施用硼肥都有显著增产效果。土壤水溶性硼含量在0.5～1毫克/千克时较为适量，能满足多数作物对硼的需要；土壤水溶性硼含量为1～2毫克/千克时有效硼含量偏高，多数作物不会缺硼，部分作物可能会出现硼中毒现象；土壤水溶性硼含量超过2毫克/千克时，一般应注意防止硼中毒。

（3）科学施用　硼肥主要用作基肥、追肥、根外追肥。

1）用作基肥。可与氮肥、磷肥配合施用，也可单独施用，一般每亩施用0.5～1.5千克硼酸或硼砂，一定要施得均匀，防止浓度过高而中毒。

2）用作追肥。可在作物苗期每亩用0.5千克硼酸或硼砂拌干细土10～15千克，在离苗7～10厘米开沟或挖穴施入。

3）用作根外追肥。每亩可用0.1%～0.2%硼砂或硼酸溶液50～75千克，在作物苗期和由营养生长转入生殖生长时各喷1次。大面积时也可以采用飞机喷洒，用4%硼砂水溶液喷雾。

温馨提示

① 硼肥当季利用率为2%～20%，具有后效，施用后可持续3～5年不施。

② 轮作中，硼肥尽量用于需硼较多的作物，需硼较少的作物利用后效。

③ 条施或撒施不均匀、喷洒浓度过大都有可能产生毒害，应慎重对待。

常用硼肥有硼酸，硼砂已经用多年；硼酸弱酸带光泽，三斜晶体粉末白；

有效成分近十八，热水能够溶解它；四硼酸钠称硼砂，干燥空气易风化；

含硼十一性偏碱，适应各类酸性田；作物缺硼植株小，叶片厚皱色绿暗；

棉花缺硼蕾不花，多数作物花不全；增施硼肥能增产，关键还需巧诊断。

麦棉烟麻苜蓿薯，甜菜油菜及果树；这些作物都需硼，用作喷洒浸拌种；

浸种浓度掌握稀，万分之一就可以；叶面喷洒做追肥，浓度万分三至七；

硼肥拌种经常用，千克种子一克肥；用于基肥农肥混，每亩莫过一千克。

2. 锌肥

（1）锌肥的主要种类与性质　目前生产上用到的锌肥主要有硫酸锌、氯化锌、碳酸锌、螯合态锌、氧化锌、硝酸锌、尿素锌等，最常用的是七水硫酸锌。主要锌肥养分含量及特性见表2-5。

表2-5　主要锌肥养分含量及特性

名称	分 子 式	锌含量（%）	主要特性	施肥方式
七水硫酸锌	$ZnSO_4 \cdot 7H_2O$	20~30	无色晶体，易溶于水	基肥、种肥、追肥
一水硫酸锌	$ZnSO_4 \cdot H_2O$	35	白色粉末，易溶于水	基肥、种肥、追肥
氧化锌	ZnO	78~80	白色晶体或粉末，不溶于水	基肥、种肥、追肥
氯化锌	$ZnCl_2$	46~48	白色粉末或块状、棒状，易溶于水	基肥、种肥、追肥
硝酸锌	$Zn(NO_3)_2 \cdot 6H_2O$	21.5	无色四方晶体，易溶于水	基肥、种肥、追肥

（续）

名称	分子式	锌含量（%）	主要特性	施肥方式
碱式碳酸锌	$ZnCO_3 \cdot 2Zn(OH)_2 \cdot H_2O$	57	白色细微无定型粉末，不溶于水	基肥、种肥、追肥
尿素锌	$Zn \cdot CO(NH_2)_2$	11.5~12	白色晶体或粉末，易溶于水	基肥、种肥、追肥
螯合态锌	$Na_2ZnEDTA$	14	微晶粉末，易溶于水	基肥、种肥、追肥
	$Na_2ZnHEDTA$	9	液态，易溶于水	追肥

硫酸锌，一般指七水硫酸锌，俗称皓矾，化学分子式为 $ZnSO_4 \cdot 7H_2O$，锌（Zn）含量20%~30%，无色斜方晶体，易溶于水，在干燥环境下会失去结晶水变成白色粉末。

（2）锌肥适用作物与土壤

1）作物对锌的反应。对锌敏感的经济作物有甜菜、亚麻、棉花等。给这些作物施用锌肥通常都有良好的效果。

2）土壤条件。一般认为，缺锌主要发生在石灰性土壤；冷浸田、冬泡田、烂泥田、沼泽型水稻土、潜育性水稻土，也易发生水稻生理性缺锌；酸性土壤过量施用石灰或碱性肥料也易诱发作物缺锌；过量施用磷肥、新开垦土地、贫瘠沙土地等也容易缺锌。

一般土壤有效锌含量低于0.3毫克/千克时锌肥增产效果明显；锌含量为0.3~0.5毫克/千克时为中度缺锌，施用锌肥增产效果显著；锌含量为0.6~1毫克/千克时为轻度缺锌，施用锌肥也有一定增产效果；当锌含量超过1毫克/千克时，一般不需要施用锌肥。

（3）科学施用　锌肥可以用作基肥、根外追肥和种肥。

1）用作基肥。每亩施用1~2千克硫酸锌，可与生理酸性肥料混合施用。轻度缺锌地块隔1~2年再行施用，中度缺锌地块隔年或于翌年减量施用。

2）用作根外追肥。一般作物喷施浓度为0.02%~0.1%的硫酸锌溶液。

3）用作种肥。主要采用浸种或拌种方法，浸种用硫酸锌浓度为

0.02%~0.05%，浸种12小时，阴干后播种。拌种时每千克种子用2~6克硫酸锌。

⚑温馨提示

① 硫酸锌用作基肥时，每亩施用量不要超过2千克，喷施浓度不要过高，否则会引起毒害。施用时一定要撒施、喷施均匀，否则效果欠佳。

② 锌肥不能与碱性肥料、碱性农药混合，否则会降低肥效。

③ 锌肥有后效，不需要连年施用，一般隔年施用效果好。

施用歌谣

常用锌肥硫酸锌，按照剂型有区分；一种七水化合物，白色颗粒或白粉；

含锌稳定二十三，易溶于水为弱酸；二种含锌三十六，菱状结晶性有毒。

最适土壤石灰性，还有酸性沙质土；适应玉米和甜菜，稻麻棉豆和果树。

是否缺锌要诊断，酌性增锌能增产；玉米对锌最敏感，缺锌叶白穗秃尖；

小麦缺锌叶缘白，主脉两侧条状斑；果树缺锌幼叶小，缺绿斑点连成片；

水稻缺锌草丛状，植株矮小生长慢。亩施莫超两千克，混合农肥生理酸；

遇磷生成磷酸锌，不易溶水肥效减；玉米常用根外喷，浓度一定要定真。

若喷百分零点五，外添一半石灰熟；这个浓度经常用，还可用来喷果树；

其他作物千分三，连喷三次效明显；拌种千克四克肥，浸种一克就可以。

另有锌肥氯化锌，白色粉末锌氯粉；含锌较高四十八，制造电池常用它。

还有锌肥氧化锌，又叫锌白锌氧粉；含锌高达七十八，不溶于水和乙醇；

> 百分之一悬浊液，可用秧苗来蘸根；能溶醋酸碳酸铵，制造橡胶可充填；
>
> 医药可用作软膏，油漆可用作颜料。最好锌肥螯合态，易溶于水肥效高。

3. 铁肥

（1）铁肥的主要种类与性质 目前生产上用到的铁肥主要有硫酸亚铁、三氯化铁、硫酸亚铁铵、尿素铁、螯合铁、氨基酸铁、柠檬酸铁、葡萄糖酸铁等品种，常用的品种是硫酸亚铁和螯合铁。主要铁肥养分含量及特性见表2-6。

表2-6 主要铁肥养分含量及特性

名　　称	分　子　式	铁含量（%）	主要特性	施肥方式
硫酸亚铁	$FeSO_4 \cdot 7H_2O$	19	易溶于水	基肥、种肥、根外追肥
三氯化铁	$FeCl_3 \cdot 6H_2O$	20.6	易溶于水	根外追肥
硫酸亚铁铵	$(NH_4)_2SO_4 \cdot FeSO_4 \cdot 6H_2O$	14	易溶于水	基肥、种肥、根外追肥
尿素铁	$Fe[(NH_4)_2CO]_6(NO_3)_3$	9.3	易溶于水	种肥、根外追肥
螯合铁	EDTA-Fe，HEDHA-Fe，DTPA-Fe，EDDHA-Fe	5~12	易溶于水	根外追肥
氨基酸铁	$Fe \cdot H_2N \cdot RCOOH$	10~16	易溶于水	种肥、根外追肥

1）硫酸亚铁，又称黑矾、绿矾，化学分子式为 $FeSO_4 \cdot 7H_2O$，含铁（Fe）量为19%，外观为浅绿色或蓝绿色结晶，易溶于水，有一定吸湿性。硫酸亚铁性质不稳定，极易被空气中的氧氧化为棕红色的硫酸铁，因此硫酸亚铁要放置于不透光的密闭容器中，并置于阴凉处存放。

2）螯合铁，主要有乙二胺四乙酸铁（EDTA-Fe）、二乙烯三胺五乙酸铁（DTPA-Fe）、羟乙基乙二胺三乙酸铁（HEDHA-Fe）、乙二胺邻羟基苯乙酸铁（EDDHA-Fe）等。这类铁肥可适用的 pH 和土壤类型广泛，肥效高，可混性强。

3）羟基羧酸盐铁盐，主要有氨基酸铁、柠檬酸铁、葡萄糖酸铁等。氨基酸铁、柠檬酸铁土施可提高土壤铁的溶解吸收，可促进土壤钙、磷、铁、锰、锌的释放，提高铁的有效性，其成本低于 EDTA 铁类，可与许多农药混用，对作物安全。

（2）铁肥适用作物与土壤

1）作物对铁的反应。对铁敏感的经济作物有大豆、甜菜、花生等。一般情况下，禾本科作用和其他作物很少缺铁。

2）土壤条件。石灰性土壤易发生缺铁失绿症。此外，高位泥炭土、沙质土、通气不良的土壤、富含磷或大量施用磷肥的土壤、有机质含量低的酸性土壤、过酸的土壤易发生缺铁现象。

（3）科学施用　铁肥可用作基肥、根外追肥、根灌施肥等。

1）用作基肥。一般施用硫酸亚铁，每亩用 1.5～3 千克。铁肥在土壤中易转化为无效铁，其后效弱，需要年年施用。

2）用作根外追肥。一般选用硫酸亚铁或螯合铁等，喷施浓度一般经济作物为 0.2%～1.0%，每隔 7～10 天喷一次，连喷 3 次或 4 次。

3）用作根灌施肥。在作物根系附近开沟或挖穴，一年生作物深 10 厘米，多年生作物深 20～25 厘米。每株树木开沟或挖穴 5～10 个，用螯合铁溶液灌入沟或穴中，一年生作物每沟或穴灌 0.5～1 升，多年生作物每沟或穴灌 5～7 升，待自然渗入土壤后即可覆土。

施
用
歌
谣

　　常用铁肥有黑矾，又名亚铁色绿蓝；含铁十九硫十二，易溶于水性为酸。

　　南方稻田多缺硫，施用一季壮一年；北方土壤多缺铁，直接施地肥效减。

　　应混农肥人粪尿，用于果树大增产；施用黑矾五千克，二百千克农肥掺；

　　集中施于树根下，增产效果更可观。为免土壤来固定，最好根外追肥用；

　　亩需黑矾二百克，兑水一百千克整；时间掌握出叶芽，连喷三次效果明；

　　也可树干钻小孔，株塞两克入孔中；还可针注果树干，浓度百分零点三。

　　作物缺铁叶失绿，增施黑矾肥效速；最适作物有玉米，高粱花生大豆蔬。

4. 锰肥

（1）锰肥的主要种类与性质　目前生产上用到的锰肥主要有硫酸锰、

氧化锰、碳酸锰、氯化锰、硫酸铵锰、硝酸锰、锰矿泥、含锰矿渣、螯合态锰、氨基酸锰等，常用的锰肥是硫酸锰。主要锰肥养分含量及特性见表 2-7。

表 2-7　主要锰肥养分含量及特性

名　称	分　子　式	锰含量（%）	主要特性	施肥方式
硫酸锰	$MnSO_4 \cdot H_2O$	31	易溶于水	基肥、追肥、种肥
	$MnSO_4 \cdot 4H_2O$	24		
氧化锰	MnO	62	难溶于水	基肥
氯化锰	$MnCl_2 \cdot 4H_2O$	27	易溶于水	基肥、追肥
碳酸锰	$MnCO_3$	43	难溶于水	基肥
硫酸铵锰	$3MnSO_4 \cdot (NH_4)SO_4$	26～28	易溶于水	基肥、追肥、种肥
硝酸锰	$Mn(NO_3)_2 \cdot 4H_2O$	21	易溶于水	基肥
锰矿泥	—	9	难溶于水	基肥
含锰矿渣	—	1～2	难溶于水	基肥
螯合态锰	$Na_2MnEDTA$	12	易溶于水	喷施、拌种
氨基酸锰	$Mn \cdot H_2N \cdot RCOOH$	5～12	易溶于水	喷施、拌种

硫酸锰有一水硫酸锰和四水硫酸锰两种，化学分子式分别为 $MnSO_4 \cdot H_2O$ 和 $MnSO_4 \cdot 4H_2O$，含锰（Mn）量分别为 31% 和 24%，都易溶于水。硫酸锰外观为淡玫瑰红色细小晶体，是目前常用的锰肥，速效。

（2）锰肥适用作物与土壤

1）作物对锰的反应。对锰高度敏感的经济作物有大豆、花生，中度敏感的经济作物有亚麻、棉花等。对锰较敏感的作物，应当注意锰肥的施用。

2）土壤条件。中性及石灰性土壤施用锰肥效果较好；沙质土、有机质含量低的土壤、干旱土壤等施用锰肥效果较好。

（3）科学施用　锰肥可用作基肥及用于叶面喷施和种子处理等。

1）用作基肥。一般每亩用硫酸锰 2～4 千克。

2）用于叶面喷施。用 0.1%～0.3% 的硫酸锰溶液在作物不同生长阶段分 1 次或多次喷施。

3）用于种子处理。一般采用浸种，用0.1%硫酸锰溶液浸种12～48小时，豆类浸种12小时。也可采用拌种，每千克种子用2～6克硫酸锰少量水溶解后进行拌种。

温馨提示

① 锰肥应在施足基肥和氮肥、磷肥、钾肥等基础上施用。

② 锰肥后效较差，一般采取隔年施用。

施用歌谣

常用锰肥硫酸锰，结晶白色或淡红；含锰二六至二八，易溶于水易风化。

作物缺锰叶肉黄，出现病斑烧焦状；严重全叶都失绿，叶脉仍绿特性强。

对照病态巧诊断，科学施用是关键；一般亩施三千克，生理酸性农肥混；

拌种千克用八克，二十克重用甜菜；浸种叶喷浓度同，千分之一就可用。

对锰敏感作物多，甜菜麦类及豆科；玉米谷子马铃薯，葡萄花生桃苹果。

5. 铜肥

（1）**铜肥的主要种类与性质** 生产上用的铜肥有硫酸铜、碱式硫酸铜、氧化亚铜、氧化铜、含铜矿渣等，其中五水硫酸铜是最常用的铜肥。主要铜肥养分含量及特性见表2-8。

表2-8 主要铜肥养分含量及特性

名　称	分子式	铁含量（%）	主要特性	施肥方式
硫酸铜	$CuSO_4 \cdot 5H_2O$	25～35	易溶于水	基肥、追肥、种肥
碱式硫酸铜	$CuSO_4 \cdot Cu(OH)_2$	15～53	难溶于水	基肥、追肥
氧化亚铜	Cu_2O	89	难溶于水	基肥
氧化铜	CuO	75	难溶于水	基肥
含铜矿渣		0.3～1	难溶于水	基肥

目前最常用的五水硫酸铜，俗称胆矾、铜矾、蓝矾，化学分子式为

$CuSO_4 \cdot 5H_2O$，含铜量为 25%～35%，为深蓝色块状结晶或蓝色粉末，有毒、无臭、带金属味。蓝矾常温下不潮解，于干燥空气中风化脱水成为白色粉末，能溶于水、醇、甘油及氨液，水溶液呈酸性。硫酸铜与石灰混合乳液称为波尔多液，是一种良好的杀菌剂。

（2）铜肥适用作物与土壤

1）作物对铜的反应。对铜敏感的经济作物有烟草等。

2）土壤条件。有机质含量低的土壤，如山坡地、风沙土、砂姜黑土、西北某些瘠薄黄土等，有效铜含量均较低，施用铜肥可取得良好效果。另外，石灰岩、花岗岩、砂岩发育的土壤也容易缺铜。

（3）科学施用 常用的铜肥是硫酸铜，可以用作基肥、种肥、根外追肥。

1）用作基肥。硫酸铜用作基肥时，每亩用量为 0.2～1 千克，最好与其他生理酸性肥料配合施用，可与细土混合均匀后撒施、条施、穴施。

2）用作种肥。拌种时，每千克种子用 0.2～1 克硫酸铜，将肥料先用少量水溶解，再均匀地喷于种子上，阴干播种。浸种浓度为 0.01%～0.05%，浸泡 24 小时后捞出阴干即可播种。蘸秧根时可采用 0.1% 硫酸铜溶液。

3）用作根外追肥。叶面喷施硫酸铜或螯合铜，用量少，效果好，喷施浓度为 0.02%～0.1%，一般在作物苗期或开花前喷施，每亩喷液量为 50～75 千克。

▌**温馨提示**

土壤施铜具有明显的长期后效，其后效可维持 6～8 年甚至 12 年，依据施用量与土壤性质，一般每 4～5 年施用 1 次。

施用歌谣

目前铜肥有多种，溶水只有硫酸铜；五水含铜二十五，蓝色结晶有毒性。

应用铜肥有技术，科学诊断看苗情；作物缺铜叶尖白，叶缘多呈黄灰色；

果树缺铜顶叶簇，上部项梢多死枯。认准缺铜才能用，多用基肥浸拌种；

> 基肥亩施一千克，可掺十倍细土混；重施石来沙壤土，土壤肥沃富钾磷；
>
> 麦麻玉米及莴苣，洋葱菠菜果树敏。浸种用水十千克，兑肥零点二克准；
>
> 外加五克氢氧钙，以免作物受毒害。根外喷洒浓度大，氢氧化钙加百克。
>
> 掺拌种子一千克，仅需铜肥为一克。硫酸铜加氧化钙，波尔多液防病害；
>
> 常用浓度百分一，掌握等量五百克；铜肥减半用苹果，小麦柿树和白菜；
>
> 石灰减半用葡萄，番茄瓜类及辣椒。由于铜肥有毒性，浓度宁稀不要浓。

6. 钼肥

（1）钼肥的主要种类与性质 生产上用的钼肥有钼酸铵、钼酸钠、三氧化钼、含钼玻璃肥料、含钼矿渣等，其中钼酸铵是最常用的钼肥。主要钼肥养分含量及特性见表 2-9。

表 2-9 主要钼肥养分含量及特性

名　称	分　子　式	钼含量（%）	主要特性	施肥方式
钼酸铵	$(NH_4)_6Mo_7O_{24} \cdot 4H_2O$	$50 \sim 54$	易溶于水	基肥、根外追肥
钼酸钠	$Na_2MoO_4 \cdot 2H_2O$	$35 \sim 39$	溶于水	基肥、根外追肥
三氧化钼	MoO_3	66	难溶于水	基肥
含钼玻璃肥料		$2 \sim 3$	难溶于水	基肥
含钼矿渣		约10	难溶于水	基肥

钼酸铵的化学分子式为 $(NH_4)_6Mo_7O_{24} \cdot 4H_2O$，含钼量为 $50\% \sim 54\%$，无色或浅黄色，棱形结晶，溶于水、强酸及强碱中，不溶于醇、丙酮，在空气中易风化失去结晶水和部分氨，高温分解形成三氧化钼。

（2）钼肥适用作物与土壤

1）作物对钼的反应。对钼敏感的经济作物有甜菜、棉花、油菜、大豆等。

2）土壤条件。酸性土壤容易缺钼。酸性土壤中施用石灰可以提高钼的有效性。

（3）科学施用　常用的钼酸铵可以用作基肥、追肥、根外追肥等，并可用于种子处理。

1）用作基肥。在播种前每亩用 10～50 克钼酸铵与常量元素肥料混合施用，或者喷涂在一些固体物料的表面，条施或穴施。

2）用作追肥。可在作物生长前期，每亩用 10～50 克钼酸铵与常量元素肥料混合条施或穴施，也能取得较好效果。

3）用于种子处理。主要用于拌种和浸种：拌种为每千克种子用 2～6 克钼酸铵，先用热水溶解，后用冷水稀释至所需体积，喷洒在种子上阴干播种；浸种浓度为 0.05%～0.1%，浸泡 12 小时后捞出阴干即可播种。

4）用作根外追肥。喷施浓度为 0.05%～0.1%，每亩喷液量为 50～75 千克。豆科作物在苗期至初花期喷施，一般每隔 7～10 天喷施 1 次，共喷 2～3 次。

施用歌谣

　　常用钼肥钼酸铵，五十四钼六个氮；粒状结晶易溶水，也溶强碱及强酸；

　　太阳曝晒易风化，失去晶水以及氨。作物缺钼叶失绿，首先表现叶脉间；

　　豆科作物叶变黄，番茄叶边向上卷；柑橘失绿黄斑状，小麦成熟要迟延。

　　最适豆科十字科，小麦玉米也喜欢；不适葱韭等蔬菜，用作基肥混普钙；

　　每亩仅用一百克，严防施用超剂量；经常用于浸拌种，根外喷洒最适应；

　　浸种浓度千分一，根外追肥也适宜；拌种千克需两克，兑水因种各有异。

　　还有钼肥钼酸钠，含钼有达三十八；白色晶体易溶水，酸地施用加石灰。

第二节　有机肥料的性质与科学施用

一、常规有机肥料

常规有机肥料按其来源、特性、积制方法、未来发展等方面综合考虑，可以把有机肥料分为农家肥、秸秆肥、绿肥等。

1. 农家肥

农家肥是农村就地取材、就地积制、就地施用的一类自然肥料，主要包括人畜粪尿肥、厩肥、禽粪、堆肥、沤肥、饼肥等。

（1）人粪尿肥　人粪尿是一种养分含量高、肥效快的有机肥料。

1）基本性质。人粪含有 70%~80% 的水分、20% 左右的有机物和 5% 左右的无机物，新鲜人粪一般呈中性；人尿约含 95% 的水分、5% 左右的水溶性有机物和无机盐类，新鲜的尿液为浅黄色透明液体，不含有微生物，因含有少量磷酸盐和有机酸而呈弱酸性。

人粪尿的排泄量和其中的养分及有机质的含量因人而异，不同的年龄、饮食状况和健康状况都不相同。人粪尿的养分含量见表 2-10。

表 2-10　人粪尿的养分含量

种类	主要成分含量（鲜基,%)				
	水分	有机物	氮（N）	磷（P_2O_5）	钾（K_2O）
人粪	>70	约20	1.00	0.50	0.37
人尿	>90	约3	0.50	0.13	0.19
人粪尿	>80	5~10	0.5~0.8	0.2~0.4	0.2~0.3

2）安全施用。人粪尿可作为基肥和追肥施用，人尿还可以作为种肥用来浸种。人粪尿每亩施用量一般为 500~1000 千克，还应配合其他有机肥料和磷、钾肥。

▌温馨提示

①人粪尿适合于大多数经济作物，尤其是纤维类作物（如麻类等）的施用效果更为显著。但对忌氯作物（如甜菜、烟草等）应当少用。

② 人粪尿适用于各种土壤，尤其是含盐量在 0.05% 以下的土壤，具有灌溉条件的土壤，以及雨水充足地区的土壤。但对于干旱地区灌溉条件较差的土壤和盐碱土，施用人粪尿时应加水稀释，以防止土壤盐渍化加重。

（2）家畜粪尿肥　家畜粪尿主要指人们饲养的牲畜，如猪、牛、羊、马、驴、骡、兔等的排泄物及鸡、鸭、鹅等禽类排泄的粪便。

1）基本性质。家畜粪尿中养分的含量，常因家畜的种类、年龄、饲养条件等而有差异，表 2-11 是 4 种新鲜家畜粪尿中主要养分的平均含量。

表 2-11　4 种新鲜家畜粪尿中主要养分的平均含量（%）

种类		水分	氮（N）	磷（P_2O_5）	钾（K_2O）	碳氮比（C/N）
猪	粪	81.5	15.0	0.60	0.40	0.44
	尿	96.7	2.8	0.30	0.12	1.00
马	粪	75.8	21.0	0.58	0.30	0.24
	尿	90.1	7.1	1.20	微量	1.50
牛	粪	83.3	14.5	0.32	0.25	0.16
	尿	93.8	3.5	0.95	0.03	0.95
羊	粪	65.5	31.4	0.65	0.47	0.23
	尿	87.2	8.3	1.68	0.03	2.10

2）安全施用。各类家畜粪的性质与施用可参考表 2-12。

表 2-12　家畜粪的性质与施用

种类	性　质	施　用
猪粪	质地较细，含纤维少，碳氮比低，养分含量较高，且蜡质含量较多；阳离子交换量较高；含水量较多，纤维分解细菌少，分解较慢，产热少	适于各种土壤和作物，可作为基肥和追肥
牛粪	粪质地细密，碳氮比为 21:1，含水量较高，通气性差，分解较缓慢，释放出的热量较少，称为冷性肥料	适于有机质缺乏的轻质土壤，可作为基肥
羊粪	质地细密干燥，有机质和养分含量高，碳氮比为 12:1，分解较快，发热量较大，称为热性肥料	适于各种土壤，可作为基肥

（续）

种类	性　质	施　用
马粪	纤维素含量较高，疏松多孔，水分含量低，碳氮比为13:1，分解较快，释放热量较多，称为热性肥料	适于质地黏重的土壤，多作为基肥
兔粪	富含有机质和各种养分，碳氮比小，易分解，释放热量较多，称为热性肥料	多用于茶、桑、果树、蔬菜、瓜等作物，可作为基肥和追肥
禽粪	纤维素较少，粪质细腻，养分含量高于家畜粪，分解速度较快，发热量较低	适于各种土壤和作物，可作为基肥和追肥

（3）厩肥　厩肥是家畜粪尿肥（主要的）、各种垫圈材料（如秸秆、杂草、黄土等）和饲料残渣等混合积制的有机肥料的统称。北方称为"土粪"或"圈粪"，南方称为"草粪"或"栏粪"。

1）基本性质。不同的家畜，由于饲养条件不同和垫圈材料的差异，可使各种和各地厩肥的成分有较大的差异，特别是有机质和氮素的含量差异更显著。新鲜厩肥中主要养分的平均含量见表2-13。

表2-13　新鲜厩肥中主要养分的平均含量（%）

种类	水分	有机质	氮 （N）	磷 （P_2O_5）	钾 （K_2O）	钙 （CaO）	镁 （MgO）	硫 （SO_3）
猪厩肥	72.4	25.0	0.45	0.19	0.60	0.08	0.08	0.08
牛厩肥	77.5	20.3	0.34	0.16	0.40	0.31	0.11	0.06
马厩肥	71.3	25.4	0.58	0.28	0.53	0.21	0.14	0.01
羊厩肥	64.3	31.8	0.083	0.23	0.67	0.33	0.28	0.15

2）科学施用。厩肥中的养分大部分是迟效性的，养分释放缓慢，因此应作为基肥施用。但腐熟的优质厩肥也可用作追肥，只是肥效不如基肥效果好。施用时应撒施均匀，随施随耕翻。

施用厩肥不一定是完全腐熟的，一般应根据作物种类、土壤性质、气候条件、肥料本身的性质及施用的主要目的而有所区别。一般来说，块根、块茎作物对厩肥的利用率较高，可施用半腐熟厩肥；而禾本科作物对厩肥的利用率较低，则应选用腐熟程度高的厩肥。生育期短的应施用腐熟的厩肥；生育期长的可用半腐熟厩肥。若施用厩肥的目的是为了改良土壤，就可选择腐熟程度稍差的，让厩肥在土壤中进一步分解，这样有助于改良土壤；若用作苗肥施用，则应选择腐熟程度较好的厩肥。就土壤条件而言，质地黏重、排水差的土壤，应施用腐熟的厩肥，而且不宜耕翻过深；对沙质土壤，则可施用半腐熟厩肥，翻耕深度可适当加深。

（4）堆肥　堆肥是利用秸秆、杂草、绿肥、泥炭、垃圾和人畜粪尿等废弃物为原料混合后，按一定方式进行堆制的肥料。

1）基本性质。堆肥的性质基本和厩肥类似，其养分含量因堆肥原料和堆制方法的不同而有差别（表2-14）。堆肥一般含有丰富的有机质，碳氮比较小，养分多为速效态；堆肥还含有维生素、生长素及微量元素等。

表2-14　堆肥的养分含量（%）

种类	水分	有机质	氮（N）	磷（P$_2$O$_5$）	钾（K$_2$O）	碳氮比（C/N）
高温堆肥	—	24~42	1.05~2.00	0.32~0.82	0.47~2.53	9.7~10.7
普通堆肥	60~75	15~25	0.4~0.5	0.18~0.26	0.45~0.70	16~20

2）安全施用。堆肥主要用作基肥，每亩施用量一般为1000~2000千克。用量较多时，可以全耕层均匀混施；用量较少时，可以开沟施肥或穴施。在温暖多雨季节或地区，或在土壤疏松通透性较好的条件下，或种植生育期较长的作物和多年生作物时，或当施肥与播种或插秧期相隔较远时，可以使用半腐熟或腐熟程度更低的堆肥。

堆肥还可以作为种肥和追肥使用。作为种肥时常与过磷酸钙等磷肥混匀施用，作为追肥时应提早施用，并尽量施入土中，以利于养分的保持和肥效的发挥。堆肥和其他有机肥料一样，虽然是营养较为全面的肥料，氮养分含量相对较低，需要和化肥一起配合施用，以更好地发挥堆肥和化肥的肥效。

（5）沤肥　沤肥是利用秸秆、杂草、绿肥、泥炭、垃圾和人畜粪尿等废弃物为原料混合后，按一定方式进行沤制的肥料。沤肥因积制地区、积制材料和积制方法的不同而名称各异，如江苏的草塘泥、湖南的凼肥、江西和安徽的窖肥、湖北和广西的垱肥、北方地区的坑沤肥等，都属于沤肥。

1）基本性质。沤肥的养分含量因材料配比和积制方法的不同而有较大的差异，一般而言，沤肥的 pH 为 6.0~7.0，有机质含量为 3%~12%，全氮量为 2.1~4.0 克/千克，速效氮含量为 50~248 毫克/千克，全磷量（P_2O_5）为 1.4~2.6 克/千克，速效磷（P_2O_5）含量为 17~278 毫克/千克，全钾（K_2O）量为 3.0~5.0 克/千克，速效钾（K_2O）含量为 68~185 毫克/千克。

2）安全施用。沤肥一般作为基肥施用，多用于稻田，也可用于旱地。在水田中施用时，应在耕作和灌水前将沤肥均匀施入土壤，然后进行翻耕、耙地，再进行插秧。在旱地上施用时，也应结合耕地用作基肥。每亩沤肥的施用量一般在 2000~5000 千克，并注意配合化肥和其他肥料一起施用，以解决沤肥肥效长，但速效养分供应强度不大的问题。

(6) 沼气肥　某些有机物在厌氧条件下发酵产生的沼气可以缓解农村能源的紧张，协调农牧业的均衡发展，发酵后的废弃物（池渣和池液）还是优质的有机肥料，即沼气肥，也称作沼气池肥。

1）基本性质。沼气发酵产物除沼气可作为能源使用、粮食储藏、沼气孵化和柑橘保鲜外，沼液（占总残留物的 13.2%）和池渣（占总残留物的 86.8%）还可以进行综合利用。沼液含速效氮 0.03%~0.08%、速效磷 0.02%~0.07%、速效钾 0.05%~1.40%，同时还含有钙、镁、硫、硅、铁、锌、铜、钼等各种矿质元素，以及各种氨基酸、维生素、酶和生长素等活性物质。池渣含全氮 5~12.2 克/千克（其中速效氮占全氮的 82%~85%）、速效磷 50~300 毫克/千克、速效钾 170~320 毫克/千克，以及大量的有机质。

2）安全施用。沼液是优质的速效性肥料，可作为追肥施用。一般土壤追肥每亩施用量为 2000 千克，并且要深施覆土。沼气池液还可以作为叶面追肥，又以烟草、西瓜等经济作物最佳，将沼液和水按 1:（1~2）稀释，7~10 天喷施 1 次，可收到很好的效果。除了单独施用外，沼液还可以用来浸种，可以和池渣混合作为基肥和追肥施用。

池渣可以和沼液混合施用，作为基肥每亩施用量为 2000~3000 千克，作为追肥每亩施用量为 1000~1500 千克。池渣也可以单独作为基肥或追肥施用。

(7) 其他农家肥　除上述农家肥以外的农家肥，也称为杂肥，包括泥炭及腐殖酸类肥料、饼肥或菇渣、城市有机废弃物等，它们的养分含量及施用见表 2-15。

表 2-15 杂肥类有机肥料的养分含量与施用

种类	养分含量	安全科学施用
泥炭	含有机质 40%~70%、腐殖酸 20%~40%、全氮 0.49%~3.27%、全磷 0.05%~0.6%、全钾 0.05%~0.25%，多酸性至微酸性反应	多作为垫圈或堆肥材料、肥料生产原料、营养钵无土栽培基质，一般较少直接施用
饼肥	主要有大豆饼、菜籽饼、花生饼等，含有机质 75%~85%、全氮 1.1%~7.0%、全磷 0.4%~3.0%、全钾 0.9%~2.1%、蛋白质及氨基酸等	一般作为饲料，若用作肥料，可作为基肥和追肥，但需腐熟
菇渣	含有机质 60%~70%、全氮 1.62%、全磷 0.454%、钾 0.9%~2.1%、速效氮 212 毫克/千克、速效磷 188 毫克/千克，并含丰富的微量元素	可作为饲料、吸附剂、栽培基质，腐熟后可作为基肥和追肥
城市垃圾	处理后的垃圾肥含有机质 2.2%~9.0%、全氮 0.18%~0.20%、全磷 0.23%~0.29%、全钾 0.29%~0.48%	经腐熟并达到无害化后多作为基肥施用

2. 秸秆肥

秸秆用作肥料的基本方法是将秸秆粉碎埋于农田中进行自然发酵，或者将秸秆发酵后施于农田中。

（1）催腐剂堆肥技术 催腐剂就是根据微生物中的钾细菌、氨化细菌、磷细菌、放线菌等有益微生物的营养要求，以有机物（包括作物秸秆、杂草、生活垃圾）为培养基，选用适合有益微生物营养要求的化学药品制成定量氮、磷、钾、钙、镁、铁、硫等营养的化学制剂，有效地改善了有益微生物的生态环境，加速了有机物分解腐烂。该技术在玉米、小麦秸秆堆沤中的应用效果很好，目前在我国北方一些省市开始推广。

[秸秆催腐方法] 选择靠水源的场所、地头、路旁平坦地。堆腐 1 吨秸秆需用催腐剂 1.2 千克，1 千克催腐剂需用 80 千克清水溶解。先将秸秆与水按 1:1.7 的比例充分湿透后，用喷雾器将溶解的催腐剂均匀喷洒于秸秆中，然后把喷洒过催腐剂的秸秆垛成宽 1.5 米、高 1 米左右的堆垛，用泥密封，防止水分蒸发、养分流失。冬季为了缩短堆腐时间，可在泥上加盖薄膜提温保温（厚约 1.5 厘米）。

使用催腐剂堆腐秸秆后，能加速有益微生物的繁殖，促进其中粗纤维、粗蛋白质的分解，并释放大量热量，使堆温快速提高，平均堆温达

54℃。不仅能杀灭秸秆中的致病真菌、虫卵和杂草种子，加速秸秆腐解，提高堆肥质量，使堆肥中的有机质含量比碳酸氢铵堆肥的提高 54.9%、速效氮提高 10.3%、速效磷提高 76.9%、速效钾提高 68.3%，而且能使堆肥中的氨化细菌比碳酸氢铵堆肥的增加 265 倍、钾细菌增加 1231 倍、磷细菌增加 11.3%、放线菌增加 5.2%，成为高效活性生物有机肥。

（2）速腐剂堆肥技术　秸秆速腐剂是在"301"菌剂的基础上发展起来的，由多种高效有益微生物、多种酶类及无机添加剂组成的复合菌剂。将速腐剂加入秸秆中，在有水的条件下，菌株能大量分泌纤维酶，能在短期内将秸秆粗纤维分解为葡萄糖，因此施入土壤后可迅速培肥土壤，减轻作物病虫害，刺激作物增产，实现用地养地相结合。实际堆腐应用表明，采用速腐剂腐烂秸秆，高效快速，不受季节限制，且堆肥质量好。

秸秆速腐剂一般由两部分构成：一部分是以分解纤维能力很强的腐生真菌等为中心的秸秆腐熟剂，质量为 500 克，占速腐剂总数的 80%，它属于高湿型菌种，在堆沤秸秆时能产生 60℃ 以上的高温，20 天左右将不同种类的秸秆堆腐成肥料。另一部分是由固氮菌、有机磷细菌、无机磷细菌和钾细菌组成的增肥剂，质量为 200 克（每种菌均为 50 克），它要求30～40℃ 的中温，在翻捣肥堆时加入，旨在提高堆肥肥效。

［秸秆速腐方法］　按秸秆重的 2 倍加水，使秸秆湿透，含水量约达 65%，再按秸秆重的 0.1% 加速腐剂，另加 0.5%～0.8% 的尿素调节碳氮比的值，也可用 10% 的人畜粪尿代替尿素。堆沤分三层，第一层、第二层各厚 60 厘米，第三层（顶层）厚 30～40 厘米，速腐剂和尿素用量比自下而上按 4∶4∶2 分配，均匀撒入各层，将秸秆堆垛（宽 2 米、高 1.5 米），堆好后用铁锹轻轻拍实，就地取泥封堆交加盖农膜，以保水、保温、保肥，防止雨水冲刷。此法不受季节和地点限制，干草、鲜草均可利用，扒制的成肥有机质可达 60%，且含有 8.5%～10% 的氮、磷、钾及微量元素，主要用作基肥，一般每亩施用 250 千克。

（3）酵素菌堆肥技术　酵素菌是由能够产生多种酶的好（兼）氧细菌、酵母菌和霉菌组成的有益微生物群体。利用酵素菌产生的水解酶的作用，在短时间内，可以把作物秸秆等有机质材料进行糖化和氮化分解，产生低分子的糖、醇、酸，这些物质是堆肥中有益微生物生长繁殖的良好培养基，可以促进堆肥中放射线菌的大量繁殖，从而改善土壤的微生态环境，创造作物生长发育所需的良好环境。利用酵素菌把大田作物秸秆堆沤成优质有机肥后，可施用于大棚蔬菜、果树等经济价值较高的作物。堆腐材料有秸秆 1 吨、麸皮 120 千克、钙镁磷肥 20 千克、酵素菌扩大菌 16 千克、红糖 2 千克、鸡粪 400 千克。

［堆腐方法］　先将秸秆在堆肥池外喷水湿透，使含水量达到 50%~60%，依次将鸡粪均匀铺撒在秸秆上，麸皮和红糖（研细）均匀撒到鸡粪上，钙镁磷肥和酵素菌扩大菌均匀搅拌在一起，再均匀撒在麸皮和红糖上面；然后用叉拌匀后，挑入简易堆肥池里，底宽 2 米左右，堆高 1.8~2 米，顶部呈圆拱形，顶端用塑料薄膜覆盖，防止雨水淋入。

3. 绿肥

利用作物生长过程中所产生的全部或部分绿色体，直接或间接翻压到土壤中作为肥料，称为绿肥。

（1）绿肥的养分含量　绿肥植物鲜草产量高，含较丰富的有机质，有机质含量一般在 12%~15%（鲜基），而且养分含量较高（表 2-16）。

表 2-16　主要绿肥植物养分含量

绿肥品种	鲜草主要成分（鲜基,%）			干草主要成分（干基,%）		
	氮（N）	磷（P_2O_5）	钾（K_2O）	氮（N）	磷（P_2O_5）	钾（K_2O）
草木樨	0.52	0.13	0.44	2.82	0.92	2.42
毛叶苕子	0.54	0.12	0.40	2.35	0.48	2.25
紫云英	0.33	0.08	0.23	2.75	0.66	1.91
黄花苜蓿	0.54	0.14	0.40	3.23	0.81	2.38
紫花苜蓿	0.56	0.18	0.31	2.32	0.78	1.31
田菁	0.52	0.07	0.15	2.60	0.54	1.68
沙打旺	—	—	—	3.08	0.36	1.65
柽麻	0.78	0.15	0.30	2.98	0.50	1.10
肥田萝卜	0.27	0.06	0.34	2.89	0.64	3.66
紫穗槐	1.32	0.36	0.79	3.02	0.68	1.81
箭筈豌豆	0.58	0.30	0.37	3.18	0.55	3.28
水花生	0.15	0.09	0.57	—	—	—
水葫芦	0.24	0.07	0.11	—	—	—
水浮莲	0.22	0.06	0.10	—	—	—
绿萍	0.30	0.04	0.13	2.70	0.35	1.18

（2）绿肥的合理利用　目前，我国绿肥的主要利用方式有直接翻压、

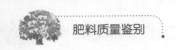

作为原材料积制有机肥料和用作饲料。绿肥直接翻压（也称压青）施用后的效果与翻压绿肥的时期、翻压深度、翻压量和翻压后的水肥管理密切相关。

1）绿肥翻压时期。常见绿肥品种中的紫云英应在盛花期，苕子和田菁应在现蕾期至初花期，豌豆应在初花期，柽麻应在初花期至盛花期。翻压绿肥时期的选择，除了根据不同品种绿肥的植物生长特性外，还要考虑农作物的播种期和需肥时期。一般应与播种和移栽期有一段时间间距，大约10天。

2）绿肥翻压量与深度。绿肥翻压量一般根据绿肥中的养分含量、土壤供肥特性和作物的需肥量来考虑，每亩应控制在1000～1500千克，然后再配合施用适量的其他肥料，来满足作物对养分的需求。绿肥翻压深度一般根据耕作深度考虑，大田应控制在15～20厘米，不宜过深或过浅。

3）翻压后水肥管理。绿肥在翻压后，应配合施用磷、钾肥，既可以调整氮磷比，还可以协调土壤中氮、磷、钾的比例，从而充分发挥绿肥的肥效。对于干旱地区和干旱季节，还应及时灌溉，尽量保持充足的水分，加速绿肥的腐熟。

二、商品有机肥料

近年来，化肥的长期过量施用造成了土壤板结、环境污染、农产品品质下降，再加上化肥价格浮动较大，安全、环保、绿色的有机肥料再次引起人们的关注，市场需求不断增加。

1. 商品有机肥料的内涵

与传统有机肥不同，商品有机肥有着自己独特的内涵。商品有机肥料是指工厂化生产，经过物料预处理、配方、发酵、干燥、粉碎、造粒、包装等工艺加工生产的有机肥料或有机无机复混肥料。按照2008年4月29日下发了《财政部国家税务总局关于有机肥产品免征增值税的通知》中对商品有机肥的概念来界定，商品有机肥包括精制有机肥料类、有机无机复混肥料、生物有机肥料。一般说的商品有机肥料是指精制有机肥料类，精制有机肥料类除了活性商品有机肥类外，还包括一些腐殖酸肥料和氨基酸肥料。

2. 活性商品有机肥料

活性有机肥料是以作物秸秆、畜禽粪和农副产品加工下脚料为主要原料，经加入发酵微生物进行发酵脱水和无害化处理而成的优质有机肥料。

（1）活性商品有机肥料的特点 主要表现在：一是养分齐全，含有丰富的有机质，可以全面提供作物需要的氮、磷、钾及多种中微量元素，对作物施用商品有机肥后，能明显提高农产品的品质和产量。二是改善地力，施用商品有机肥能改善土壤理化性状，增强土壤的透气、保水、保肥能力，防止土壤板结和酸化，显著降低土壤盐分对作物的不良影响，增强作物的抗逆和抗病虫害能力，缓解连作障碍。

（2）活性商品有机肥料的施用量 不同种类作物，有机肥料的施用量不相同。这里以活性商品有机肥作为基肥为例：设施瓜果、蔬菜，如西瓜、草莓、辣椒、西红柿、黄瓜等，每季每亩施 300～500 千克。露地瓜菜，如西瓜、黄瓜、土豆、毛豆及葱蒜类等，每季每亩施 300～400 千克；青菜等叶菜类，每季每亩施 200～300 千克；莲子，每季每亩施 500～750 千克。粮食作物，如小麦、水稻、玉米等，每季每亩施 200～250 千克。油料作物，如油菜、花生、大豆等，每季每亩施 300～500 千克。果树、茶叶、花卉、桑树等，根据树龄大小，每季每亩施 500～750 千克；新苗木基地，在育苗前每亩施 750～1000 千克。对于新平整后的生土田块，3～5 年内每年每亩增施 750～1000 千克，方可逐渐恢复并提高土壤肥力。

（3）活性商品有机肥料的施用方法 精制有机肥施用方法一般以作为基（底）肥施用为主，在作物栽种前将肥料均匀撒施，耕翻入土，若采用条施或沟施，要注意防止肥料集中施用发生烧苗现象，要根据作物田间实际情况确定商品有机肥的每亩施用量；精制有机肥作为追肥使用时，一定要及时浇足水分。

温馨提示

① 精制有机肥的长效性不能代替化学肥料的速效性，必须根据不同作物和土壤，再配合尿素、配方肥等施用，才能取得最佳效果。

② 精制有机肥在高温季节旱地作物上使用时，一定要注意适当减少施用量，防止发生烧苗现象。

③ 精制有机肥的 pH 一般呈碱性，在喜酸作物上使用要注意其适应性及施用量。

3. 腐殖酸肥料

腐殖酸已被广泛应用于农业生产，具有改良土壤、刺激作物生长、增加肥效、提高农药药效、减少药害、提高作物抗逆性、增加产量、改善作

物品质等作用。

（1）腐殖酸肥料的主要品种　腐殖酸肥料品种主要有腐殖酸铵、硝基腐殖酸铵、腐殖酸磷、腐殖酸铵磷、腐殖酸钠、腐殖酸钾、含腐殖酸水溶肥料等。这里主要介绍固体腐殖酸肥料，含腐殖酸水溶肥料在水溶肥料中进行介绍。

1）腐殖酸铵。腐殖酸铵简称腐铵，化学分子式为 R-COONH$_4$，一般含水溶性腐殖酸铵 25% 以上、速效氮 3% 以上。外观为黑色有光泽的颗粒或黑色粉末，溶于水，呈微碱性，无毒，在空气中稳定。

2）硝基腐殖酸铵。硝基腐殖酸铵是腐殖酸与稀硝酸共同加热，氧化分解形成的。一般含水溶性腐殖酸铵 45% 以上、速效氮 2% 以上。外观为黑色有光泽颗粒或黑色粉末，溶于水，呈微碱性，无毒，在空气中较稳定。

3）腐殖酸钠、腐殖酸钾。腐殖酸钠、腐殖酸钾的化学分子式为 R-COONa、R-COOK，一般腐殖酸钠含腐殖酸 40%～70%，腐殖酸钾含腐殖酸 70% 以上。二者呈棕褐色，易溶于水，水溶液呈强碱性。

4）黄腐酸。黄腐酸又称富里酸、富啡酸、抗旱剂一号、旱地龙等，溶于水、酸、碱，其水溶液呈酸性，无毒，性质稳定。黑色或棕黑色。含黄腐酸 70% 以上，可用于拌种（用量为种子量的 0.5%）、蘸根（100 克加水 20千克加黏土调成糊状）、叶面喷施（大田作物稀释 1000 倍、果树和蔬菜稀释800～1000 倍）等。

（2）固体腐殖酸肥的科学施用　腐殖酸肥与化肥混合制成腐殖酸复混肥，可以作为基肥、种肥、追肥或根外追肥；可撒施、穴施、条施或压球造粒施用。

1）作为基肥。可以采用撒施、穴施、条施等办法，不过集中施用比撒施的效果好，深施比浅施、表施的效果好，一般每亩可施腐殖酸铵等40～50 千克、腐殖酸复混肥 25～50 千克。

2）作为种肥。可穴施于种子下面 12 厘米附近，每亩腐殖酸复混肥10 千克左右。稻田中可用作面肥，在插秧前把肥料均匀撒在地表，耙匀后插秧，效果很好。

3）作为追肥。应该早施，在距离作物根系 6～9 厘米附近穴施或条施，追施后结合中耕覆土。可将硝基腐殖酸铵作为增效剂与化肥混合施用的效果较好，每亩施用量为 10～20 千克。

4）秧田施用。利用泥炭、褐煤、风化煤粉覆盖秧床，对于培育壮秧、增强秧苗抗逆性具有良好作用。

4. 氨基酸肥料

（1）含氨基酸水溶肥料的作用

1）具有生物活性高、养分全、含量高等特性，能够提供作物生长所需的各种元素及养分，并促进光合作用。

2）能够迅速补充作物养分，有利于作物吸收，提高肥料利用率，改善作物品质。

3）可增强作物抗逆性，促进作物的生长，且有保花、保果等功能，增产增收效果明显。

4）能有效诱导修复受损组织，抗低温冻害（抗寒）。

5）可有效抑制部分真菌、细菌、病毒和生理病害的发生，具有防病、抗病效果。

6）提高多种酶的活性，特别是能加强作物中末端氧化酶的活性，有促进作物根系发达的作用。

7）有效解除农药造成的药害，钝化重金属离子的毒害作用。

8）提高土壤的缓冲性能，促进土壤团粒结构的形成。

9）对旱、涝、冻、干热风等，具有明显的抵抗作用。

10）不含激素，无毒、无害，对环境、人畜无污染，是生产安全、绿色无公害农产品的必备肥料。

（2）氨基酸复混肥料的科学施用　这里主要介绍固体氨基酸肥料，含氨基酸水溶肥料在水溶肥料中进行介绍。

氨基酸复混肥料，棕褐色颗粒，pH 为 5.5～8.0，吸湿性较小。产品含复合氨基酸 4%～8%，氮、磷、钾 25%～40%，钙、镁、硫、硅 10%～30%，微量元素 0.5%～2%。氨基酸复混肥料可作为基肥和追肥，适宜于多种土壤和作物。作为基肥一般施肥深度为 8～16 厘米，每亩施用量为30～50 千克。

第三节　生物肥料的性质与科学施用

生物肥料主要包括微生物菌剂、复合微生物肥料、生物有机肥等。

一、微生物菌剂

微生物菌剂主要有根瘤菌肥料、固氮菌肥料、磷细菌肥料、钾细菌肥

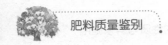

料等。

1. 根瘤菌肥料

根瘤菌能和豆科作物共生、结瘤、固氮，用人工选育出来的高效根瘤菌株，经大量繁殖后，用载体吸附制成的生物菌剂称为根瘤菌肥料。

（1）根瘤菌肥料性质　根瘤菌肥料按剂型不同分为固体、液体、冻干剂3种。固体根瘤菌肥料的吸附剂多为草炭，为黑褐色或褐色粉末状固体，湿润松散，含水量20%～35%，一般菌剂含活菌数1亿～2亿/克，杂菌数小于15%，pH为6.0～7.5。液体根瘤菌肥料应无异臭味，含活菌数5亿～10亿/毫升，杂菌数小于5%，pH为5.5～7.0。冻干根瘤菌肥料不加吸附剂，为白色粉末状，含菌量比固体型高几十倍，但生产上应用很少。

（2）根瘤菌肥料的科学施用　根瘤菌肥料多用于拌种，每亩地种子用30～40克菌剂加3.75千克水混匀后拌种，或根据产品说明书施用。拌种时要掌握互接种族关系，选择与作物相对应的根瘤菌肥。作物出苗后，发现结瘤效果差时，可在幼苗附近浇泼兑水的根瘤菌肥料。

▌温馨提示

① 根瘤菌结瘤最适温度为20～40℃，土壤含水量为田间持水量的60%～80%，适宜中性到微碱性（pH为6.5～7.5），良好的通气条件有利于结瘤和固氮。

② 在酸性土壤上使用时需加石灰调节土壤酸度。

③ 拌种及风干过程切忌阳光直射，已拌菌的种子必须当天播完。

④ 不可与速效氮肥及杀菌农药混合使用。如果种子需要消毒，需在根瘤菌拌种前2～3周使用，使菌、药有较长的间隔时间，以免影响根瘤菌的活性。

2. 固氮菌肥料

固氮菌肥料是指含有大量好气性自生固氮菌的生物制品，具有自生固氮作用的微生物种类很多，在生产上得到广泛应用的是固氮菌科的固氮菌属，以圆褐固氮菌应用较多。

（1）固氮菌肥料的性质　固氮菌肥料可分为自生固氮菌肥和联合固氮菌肥。自生固氮菌肥是指由人工培育的自生固氮菌制成的微生物肥料，能直接固定空气中的氮素，并产生很多激素类物质刺激作物生长。联合固氮菌是指在固氮菌中有一类自由生活的类群，生长于作物根表和近根土壤中，靠根系分泌物生存，与作物根系密切。联合固氮菌肥是指利用联合固氮菌制成的微生物肥料，对增加作物氮素来源、提高产量、促进作物根系的吸收作用、增强抗逆性有重要作用。

固氮菌肥料的剂型有固体、液体、冻干剂3种。固体剂型多为黑褐色或褐色粉末状，湿润松散，含水量20%~35%，一般菌剂含活菌数1亿/克以上，杂菌数小于15%，pH为6.0~7.5。液体剂型为乳白色或浅褐色，浑浊，稍有沉淀，无异臭味，含活菌数5亿/毫升以上，杂菌数小于5%，pH为5.5~7.0。冻干剂型为乳白色结晶，无味，含活菌数5亿/克以上，杂菌数小于2%，pH为6.0~7.5。

（2）固氮菌肥料的科学施用　固氮菌肥料适用于各种作物，可作为基肥、追肥和种肥，施用量按说明书确定。也可与有机肥、磷肥、钾肥及微量元素肥料配合施用。

1）作为基肥。作为基肥施用时可与有机肥配合沟施或穴施，施后立即覆土。也可蘸秧根或作为基肥施在蔬菜菌床上、与棉花盖种肥混施。

2）作为追肥。作为追肥时把菌肥用水调成糊状，施于作物根部，施后覆土，一般在作物开花前施用较好。

3）作为种肥。种肥一般在拌种时施用，加水混匀后拌种，将种子阴干后即可播种。对于移栽作物，可采取蘸秧根的方法施用。

固体固氮菌肥一般每亩用250~500克、液体固氮菌肥每亩用100毫升、冻干剂固氮菌肥每亩用500亿~1000亿活菌。

温馨提示

① 固氮菌属中温好气性细菌，最适温度为25~30℃，要求土壤通气良好，含水量为田间持水量的60%~80%，最适pH为7.4~7.6。

② 在酸性土壤（pH小于6.0）中固氮菌的活性明显受到抑制，因此，施用前需加石灰调节土壤酸碱度。固氮菌只有在环境中有丰富的碳水化合物而缺少化合态氮时才能进行固氮作用，与有机肥、磷肥、钾肥及微量元素肥料配合施用，对固氮菌的活性有促进作用，在贫瘠土壤上尤其重要。

③ 过酸、过碱的肥料或有杀菌作用的农药都不宜与固氮菌肥混施，以免影响其活性。

3. 磷细菌肥料

磷细菌肥料是指含有能强烈分解有机磷或无机磷化合物的磷细菌的生物制品。

（1）磷细菌肥料的性质　目前国内生产的磷细菌肥料有液体和固体两种剂型。液体剂型的磷细菌肥料，外观呈棕褐色浑浊液，含活细菌 5 亿 ~ 15 亿/毫升，杂菌数小于 5%，含水量 20% ~ 35%，有机磷细菌大于或等于 1 亿/毫升，无机磷细菌大于或等于 2 亿/毫升，pH 为 6.0 ~ 7.5。颗粒剂型的磷细菌肥料，外观呈褐色，有效活细菌数大于 3 亿/克，杂菌数小于 20%，含水量小于 10%，有机质含量大于或等于 25%，粒径为 2.5 ~ 4.5 毫米。

（2）磷细菌肥料的科学施用　磷细菌肥料可用作基肥、追肥和种肥。

1）作为基肥。作为基肥可与有机肥、磷矿粉混匀后沟施或穴施，一般每亩用量为 1.5 ~ 2 千克，施后立即覆土。

2）作为追肥。作为追肥可将磷细菌肥料用水稀释后在作物开花前，将菌液施于根部为宜。

3）作为种肥。作为种肥主要是拌种，可先将菌剂加水调成糊状，然后加入种子拌匀，阴干后立即播种，防止阳光直接照射。一般每亩种子用固体磷细菌肥料 1.0 ~ 1.5 千克或液体磷细菌肥料 0.3 ~ 0.6 千克，加水 4 ~ 5 倍稀释。

温馨提示

① 磷细菌的最适温度为 30 ~ 37℃，适宜 pH 为 7.0 ~ 7.5。

② 拌种时随配随拌，不宜留存；暂时不用的，应该放置在阴凉处覆盖保存。

③ 磷细菌肥料不与农药及生理酸性肥料同时施用，也不能与石灰氮、过磷酸钙及碳酸氢铵混合施用。

4. 钾细菌肥料

钾细菌肥料又名硅酸盐细菌肥料、生物钾肥。钾细菌肥料是指含有能对土壤中云母、长石等含钾的铝硅酸盐及磷灰石进行分解，释放出钾、磷与其他灰分元素，改善作物营养条件的钾细菌的生物制品。

（1）钾细菌肥料的性质　钾细菌肥料产品主要有液体和固体两种剂型。液体剂型外观为浅褐色浑浊液，无异臭，有微酸味，有效活菌数大于 10 亿/毫升，杂菌数小于 5%，pH 为 5.5 ~ 7.0。固体剂型是以草炭为载体的粉状吸附剂，外观呈黑褐色或褐色，湿润而松散，无异味，有效活细菌数大于1亿/克，杂菌数小于20%，含水量小于10%，有机质含量大于或等于25%，粒径为2.5~4.5毫米，pH为6.9~7.5。

（2）钾细菌肥料的科学施用 钾细菌肥料可用作基肥、追肥、种肥。

1）作为基肥。固体剂型与有机肥料混合沟施或穴施后，立即覆土，每亩用3~4千克，液体剂型则用2~4千克菌液。

2）作为追肥。按每亩用菌剂1~2千克兑水50~100千克混匀后进行灌根。

3）作为种肥。每亩用1.5~2.5千克钾细菌肥料与其他种肥混合施用。也可将固体菌剂加适量水制成菌悬液或液体菌加适量水稀释，然后喷到种子上拌匀，稍干后立即播种。也可将固体菌剂或液体菌稀释5~6倍，搅匀后，把作物的根蘸入，蘸后立即移栽。

温馨提示

① 紫外线对钾细菌有杀灭作用，因此在贮存、运输和施用过程中应避免阳光直射，拌种时应在室内或棚内等避光处进行，拌好晾干后应立即播完，并及时覆土。

② 钾细菌肥料不能与过酸或过碱的肥料混合施用。

③ 当土壤中速效钾含量在26毫克/千克以下时，不利于钾细菌肥料的肥效发挥；当土壤速效钾含量在50~75毫克/千克时，钾细菌解钾能力可达到高峰。钾细菌的最适温度为25~27℃，适宜pH为5.0~8.0。

5. 抗生菌肥料

抗生菌肥料是利用能分泌抗菌物质和刺激素的微生物制成的微生物肥料。常用的菌种是放线菌，我国常用的是5406（细黄链霉菌），此类制品不仅有肥效作用而且能抑制一些作物的病害，促进作物生长。

（1）抗生菌肥料的性质 抗生菌肥料是一种新型多功能微生物肥料，抗生菌在生长繁殖过程中可以产生刺激物质、抗生素，还能转化土壤中的氮、磷、钾元素，具有改进土壤团粒结构等功能，有防病、保苗、肥地、松土及刺激作物生长等多种作用。

抗生菌生长的最适宜温度是28~32℃，超过32℃或低于26℃时生长减弱，超过40℃或低于12℃时生长近乎停止；适宜pH为6.5~8.5，含水量适宜在25%左右，要求有充分的通气条件，对营养条件要求

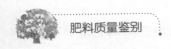

较低。

（2）抗生菌肥料的科学施用　抗生菌肥料适用于棉花、小麦、油菜、甘薯、高粱和玉米等作物，一般用作浸种或拌种，也可用作追肥。

1）作为种肥。一般每亩用抗生菌肥料 7.5 千克，加入饼粉 2.5 ~ 5 千克、细土 500 ~ 1000 千克、过磷酸钙 5 千克，拌匀后覆盖在种子上，施用时最好配施有机肥料和化学肥料。也可用1:（1 ~ 4）的抗生菌肥浸出液浸根或蘸根。也可在作物移栽时每亩用抗生菌肥 10 ~ 25 千克穴施。

2）作追肥。可在作物定植后，在苗附近开沟施用后再覆土。也可用抗生菌肥浸出液进行叶面喷施，主要适用于一些蔬菜和温室作物。

▌温馨提示

① 抗生菌肥配合施用有机肥料、化肥的效果较好。
② 抗生菌肥不能与杀菌剂混合拌种，但可与杀虫剂混用。
③ 抗生菌肥不能与硫酸铵、硝酸铵等混合施用。

二、复合微生物肥料

复合微生物肥料是指两种或两种以上的有益微生物或一种有益微生物与营养物质复配而成，能提供、保持或改善作物的营养，提高农产品产量或改善农产品品质的活体微生物制品。

1. 复合微生物肥料的类型

复合微生物肥料一般有两种：第一种是菌与菌复合微生物肥料，可以是同一微生物菌种的复合（如大豆根瘤菌的不同菌系分别发酵，吸附时混合），也可以是不同微生物菌种的复合（如固氮菌、解磷细菌、解钾细菌等分别发酵，吸附时混合）。第二种是菌与各种营养元素或添加物、增效剂的复合微生物肥料，采用的复合方式有菌与大量元素复合、菌与微量元素复合、菌与稀土元素复合、菌与作物生长激素复合等。

2. 复合微生物肥料的性质

复合微生物肥料可以增加土壤有机质、改善土壤菌群结构，并通过微生物的代谢物刺激作物生长，抑制有害病原菌，目前主要有液体、粉剂和颗粒 3 种剂型。粉剂产品应松散；颗粒产品应无明显的机械杂质，大小均匀，具有吸水性。

3. 复合微生物肥料的科学施用

复合微生物肥料主要适用于经济作物、大田作物和果树、蔬菜等作物。

（1）作为基肥　每亩用菌菌复合微生物肥料 2～5 千克或菌肥复合微生物肥料 30～80 千克，与有机肥料或细土混匀后沟施、穴施、撒施均可，沟施或穴施后立即覆土；结合整地可撒施，应尽快将肥料翻于土中。

（2）蘸根或灌根　每亩用菌菌复合微生物肥料 2～5 千克兑水 5～20 倍，移栽时蘸根或干栽后适当增加稀释倍数灌于根部。

（3）拌苗床土　每平方米苗床土与菌菌复合微生物肥料 200～300 克混匀后播种。

（4）冲施　根据不同作物每亩用 1～3 千克菌菌复合微生物肥料与化肥混合，用适量水稀释后灌溉时随水冲施。

施用歌谣

细菌肥料前景好，持续农业离不了；清洁卫生无污染，品质改善又增产；

掺混农肥效果显，解磷解钾又固氮；杀菌农药不能混，莫混过酸与过碱；

基追种肥都适用，水稻蔬菜秧根蘸；施后即用湿土埋，严防阳光来曝晒；

种肥随用随拌菌，剩余种子阴处盖；增产效果确实有，莫将化肥来替代。

三、生物有机肥

1. 生物有机肥的内涵

生物有机肥是指有特定功能的微生物与经过无害化处理、腐熟的有机物料（主要是动植物残体，如畜禽粪便、农作物秸秆等）复合而成的一类肥料，兼有微生物肥料和有机肥料的效应。生物有机肥按功能微生物的不同可分为固氮生物有机肥、解磷生物有机肥、解钾生物有机肥、复合生物有机肥等。

2. 生物有机肥的科学施用

生物有机肥应根据作物的不同选择不同的施肥方法，常用的施肥方法如下。

（1）种施法　机播时，将颗粒生物有机肥与少量化肥混匀，随播种

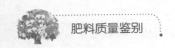

机施入土壤。一般每亩施用量为 20 ~ 30 千克。

（2）撒施法　结合深耕或在播种时将生物有机肥均匀地施在根系集中分布的区域和经常保持湿润状态的土层中，做到土肥相融。一般每亩施用量为 100 ~ 150 千克。

（3）条状沟施法　条播作物或葡萄等果树时，开沟后施肥播种或在距离果树 5 厘米处开沟施肥。一般每亩施用量为 200 ~ 300 千克。

（4）环状沟施法　苹果、桃、梨等幼年果树，在距树干 20 ~ 30 厘米处，绕树干开一环状沟，施肥后覆土。一般每亩施用量为 200 ~ 300 千克。

（5）放射状沟施　苹果、桃、梨等成年果树，在距树干 30 厘米处，按果树根系伸展情况向四周开 4 ~ 5 个 50 厘米长的沟，施肥后覆土。一般每亩施用量为 200 ~ 300 千克。

（6）穴施法　点播或移栽作物，如玉米、棉花、西红柿等，将肥料施入播种穴，然后播种或移栽。一般每亩施用量为 100 ~ 150 千克。

（7）蘸根法　对移栽作物，如水稻、西红柿等，按 1 份生物有机肥加 5 份水配成肥料悬浊液，浸蘸苗根，然后定植。

（8）盖种肥法　开沟播种后，将生物有机肥均匀地覆盖在种子上面。一般每亩施用量为 50 ~ 100 千克。

第四节　复混肥料的性质与科学施用

复混肥料按生产工艺可分为复合肥料、复混肥料和掺混肥料等。

一、复合肥料

1. 磷酸铵系列

磷酸铵系列包括磷酸一铵、磷酸二铵、磷酸铵和聚磷酸铵，是氮、磷二元复合肥料。

（1）基本性质

1）磷酸一铵的化学分子式为 $NH_4H_2PO_4$，含氮 10% ~ 14%、五氧化二磷 42% ~ 44%，外观为灰白色或浅黄色颗粒或粉末，不易吸潮、结块，易溶于水，其水溶液为酸性，性质稳定，氨不易挥发。

2）磷酸二铵，简称二铵，化学分子式为 $(NH_4)_2HPO_4$，含氮 18%、五氧化二磷约 46%。纯品白色，一般商品外观为灰白色或浅黄色颗粒或粉末，易溶于水，其水溶液为中性至偏碱性，不易吸潮、结块，相对于磷酸一铵，磷酸二铵的性质不是十分稳定，在湿热条件下，氨易挥发。

目前，用作肥料的磷酸铵产品，实际是磷酸一铵、磷酸二铵的混合物，含氮12%～18%、五氧化二磷47%～53%，产品多为颗粒状，性质稳定，并加有防湿剂以防吸湿分解。易溶于水，其水溶液为中性。

（2）科学施用 可用作基肥、种肥，也可以进行叶面喷施。作为基肥一般每亩用15～25千克，通常在整地前结合耕地将肥料施入土壤；也可在播种后开沟施入。作为种肥时，通常将种子和肥料分别播入土壤，每亩用2.5～5千克。

温馨提示

① 磷酸铵基本适合所有土壤和作物，但不能和碱性肥料混合施用。

② 当季如果施用足够的磷酸铵，后期一般不需要再施磷肥，应以补充氮肥为主。施用磷酸铵的作物应补充施用氮、钾肥，同时应优先用在需磷较多的作物和缺磷土壤。

③ 磷酸铵用作种肥时要避免与种子直接接触。

施用歌谣

一铵二铵合磷铵，复合肥中为骨干；各色颗粒易溶水，遇碱也能释放氨；

适用各类土壤上，可做基肥和种肥；最适作物有麦稻，还有大豆和玉米。

磷酸一铵性为酸，四十四磷十一氮；我国土壤多偏碱，适应尿素掺一铵；

氮磷互补增肥效，省工省钱又高产；要想农民多受益，用它生产复混肥。

磷酸二铵性偏碱，四十六磷十八氮；国产二铵含量低，四十五磷氮十三；

二铵适合酸性地，碱性土壤施一铵；基肥二十千克用，千万莫与石灰掺；

种肥最好三千克，磷铵种子莫相掺；施用最好掺氮钾，平衡施肥能增产。

2. 硝酸磷肥

硝酸磷肥的生产工艺有冷冻法、碳化法、硝酸—硫酸法，因而其产品组成也有一定差异。

（1）**基本性质**　主要成分是磷酸二钙、硝酸铵、磷酸一铵，另外还含有少量的硝酸钙、磷酸二铵，含氮13%～26%、五氧化二磷12%～20%。冷冻法生产的硝酸磷肥中有效磷的75%为水溶性磷、25%为弱酸溶性磷；碳化法生产的硝酸磷肥中磷基本都是弱酸溶性磷；硝酸—硫酸法生产的硝酸磷有30%～50%为水溶性磷。硝酸磷肥一般为灰白色颗粒，有一定吸湿性，部分溶于水，其水溶液呈酸性。

（2）**科学施用**　硝酸磷肥主要用作基肥和追肥。作为基肥条施、深施的效果较好，每亩用45～55千克；一般是在底肥不足情况下，作为追肥施用。

温馨提示

① 硝酸磷肥含有硝酸根，容易助燃和爆炸，在贮存、运输和施用时应远离火源，如果肥料出现结块现象，应用木棍将其击碎，不能使用铁锹拍打，以防爆炸伤人。

② 硝酸磷肥呈酸性，适宜施用在北方石灰质的碱性土壤上，不适宜施用在南方酸性土壤上。

③ 硝酸磷肥含硝态氮，容易随水流失。硝酸磷肥作为追肥时应避免根外喷施。

施用歌谣

为方便施用硝酸磷肥，可熟记下面歌谣：

硝酸磷肥性偏酸，复合成分有磷氮；二十六氮十三磷，最适中低旱作田；

除去豆科和甜菜，多数作物都增产；由于含有硝态氮，最好施用在旱田；

莫混碱性肥料用，遇碱也能放出氨；由于具有吸湿性，贮运施用严加管。

3. 硝酸钾

（1）**基本性质**　硝酸钾分子式为 KNO_3，含氮13%、氧化钾46%。纯净的硝酸钾为白色结晶，粗制品略带黄色，有吸湿性，易溶于水，为化学中性、生理中性的肥料。在高温下易爆炸，属于易燃易爆物质，在贮运、施用时要注意安全。

（2）**科学施用**　硝酸钾适宜作为旱地追肥，每亩用量一般为5～10千克，如果用于其他作物则应配合单质氮肥以提高肥效。硝酸钾也可作为根外追肥，适宜用量为 0.6% ~ 1%。在干旱地区还可以与有机肥混合作为基肥施用，每亩用 10 千克。硝酸钾还可用来拌种、浸种，用量为 0.2%。

温馨提示

①硝酸钾适合各种作物，对烟草、甜菜等喜钾而忌氯的作物具有良好的肥效，在豆科作物上反应也比较好。

②硝酸钾属于易燃易爆品，生产成本较高，所以用作肥料的比重不大。在运输、贮存和施用时要注意防高温，切忌与易燃物接触。

施用歌谣

　　硝酸钾，称火硝，白色结晶性状好；不含其他副成分，生理中性好肥料；

　　硝态氮素易淋失，莫施水田要牢记；旱地宜做基追肥，甘薯烟草肥效高；

　　四十六钾十三氮，根外追肥效果好；以钾为主氮偏低，补充氮磷配比调。

4. 磷酸二氢钾

（1）**基本性质**　磷酸二氢钾是含磷、钾的二元复合肥，分子式为 KH_2PO_4，含五氧化二磷 52%、氧化钾 35%，灰白色粉末，吸湿性小，物理性状好，易溶于水，是一种很好的肥料，但价格高。

（2）**科学施用**　可作为基肥、追肥和种肥。因其价格贵，多用于根外追肥和浸种。喷施量为 0.1 ~ 0.3%，在作物生殖生长期开始时使用；浸种用量为 0.2%。

目前推广的磷酸二氢钾的超常量施用技术以棉花为例：在苗期、现蕾期、开花期各喷 1 次，每亩每次用磷酸二氢钾 400 克兑水 30 千克喷施；花铃期至封顶前每 10 天喷 1 次，每亩每次用磷酸二氢钾 400 克兑水 30 千克喷施；封顶后再喷施 2 次，每亩每次用磷酸二氢钾 800 克兑水 60 千克喷施。

温馨提示

①磷酸二氢钾主要用作叶面喷施、拌种和浸种，适宜各种作物。

②磷酸二氢钾和一些氮素化肥、微肥及农药等做到合理配合、混施，可节省劳力，增加肥效和药效。

复肥磷酸二氢钾，适宜根外来喷洒；内含五十二个磷，还有三十四个钾；

　　一亩土地百余克，提前成熟籽粒大；还能抵御干热风，改善品质味道佳；

　　易溶于水呈酸性，还可用来浸拌种；浸种浓度千分二，浸泡半天可播种。

5. 磷铵系复合肥料

在磷酸铵生产基础上，为了平衡氮、磷营养比例，加入单一氮肥品种，便形成磷酸铵系列复混肥，主要有尿素磷酸盐、硫磷铵、硝磷铵等。

（1）基本性质

1）尿素磷酸盐有尿素磷铵、尿素磷酸二铵等。尿素磷酸铵含氮17.7%、五氧化二磷44.5%。尿素磷酸二铵养分含量有37-17-0、29-29-0、25-25-0等品种。

2）硫磷铵是以氨通入磷酸与硫酸的混合液制成的，含有磷酸一铵、磷酸二铵和硫酸铵等成分，含氮16%、五氧化二磷20%，灰白色颗粒，易溶于水，不吸湿，易贮存，物理性状好。

3）硝磷铵的主要成分是磷酸一铵和硝酸铵，养分含量有25-25-0、28-14-0等品种。

（2）科学施用　可以作为基肥、追肥和种肥，适于多种作物和土壤。

6. 三元复合肥

三元复合肥主要有硝磷钾、铵磷钾、尿磷铵钾、磷酸尿钾等。

（1）硝磷钾　是在硝酸磷肥基础上增加钾盐而制成的三元复合肥料，养分含量多为10-10-10，浅黄色颗粒，有吸湿性，在我国多作为烟草专用肥施用，一般作为基肥。

（2）铵磷钾　是用硫酸钾和磷酸盐按不同比例混合而成或磷酸铵加钾盐制成的三元复合肥料，一般有12-24-12、12-20-15、10-30-10等品种。物理性质很好，养分均为速效，易被作物吸收，适于多种作物和土壤，可作为基肥和追肥。

（3）尿磷铵钾　尿素铵钾的养分含量多为22-22-11，可以作基肥、追肥和种肥，适于多种作物和土壤。

（4）磷酸尿钾　是硝酸分解磷矿时，加入尿素和氯化钾即制得磷酸尿钾，氮、磷、钾比例为1∶0.7∶1，可以作为基肥、追肥和种肥，适于多种作物和土壤。

二、复混肥料

复混肥料是基础肥料之间发生某些化学反应。生产上一般根据作物的需要常配成氮、磷、钾比例不同的专用肥，如小麦专用肥、西瓜专用肥、花卉专用肥等。复混肥料体系分类见表2-17。

表2-17　复混肥料体系分类

养 分 浓 度	原 料 体 系
低浓度（二元≥20%，三元≥25%）	尿素—普钙—钾盐；氯化铵—普钙—钾盐；硝酸铵—普钙—钾盐； 硫酸铵—普钙—钾盐；尿素—钙镁磷肥—钾盐
中浓度（≥30%）	尿素—普钙—磷铵—钾盐；氯化铵—普钙—磷铵—钾盐； 尿素—普钙—重钙—钾盐；氯化铵—普钙—重钙—钾盐
高浓度（≥40%）	尿素—磷铵—钾盐；氯化铵—磷铵—钾盐；硝酸铵—磷铵—钾盐； 尿素—重钙—钾盐；氯化铵—重钙—钾盐；硝酸铵—重钙—钾盐

1. 硝铵-磷铵-钾盐复混肥系列

该系列复混肥可用硝酸铵、磷铵或过磷酸钙、硫酸钾或氯化钾等混合制成，也可在硝酸磷肥基础上配入磷铵、硫酸钾等进行生产。产品执行国家标准《复混肥料（复合肥料）》（GB 15063—2009），养分含量有10-10-10（S）和15-15-15（Cl）。由于该系列复混肥含有部分硝基氮，可被作物直接吸收利用，肥效快，磷素的配置比较合理，速缓兼容，表现为肥效长久，可作为种肥施用，不会发生肥害。

该系列复混肥呈浅褐色颗粒状，氮素中有硝态氮和铵态氮，磷素中30%～50%为水溶性磷、50%～70%为枸溶性磷，钾素为水溶性。有一定的吸湿性，应注意防潮结块。

该肥料一般作为基肥和早期追肥，每亩用30～50千克。不含氯离子的系列肥可作为烟草专用肥施用，效果较好。

2. 磷酸铵-硫酸铵-硫酸钾复混肥系列

该系列复混肥主要有铵磷钾肥，是用磷酸一铵或磷酸二铵、硫酸铵、

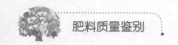

硫酸钾按不同比例混合而生产的三元复混肥料。产品执行国家标准《复混肥料（复合肥料）》（GB 15063—2009），养分含量有 12-24-12（S）、10-20-15（S）、10-30-10（S）等多种。也可以在尿素磷酸铵或氯铵普钙的混合物中再加氯化钾，制成单氯或双氯三元复混肥料，但不宜在烟草上施用。

铵磷钾肥的物理性状良好，易溶于水，易被作物吸收利用，主要用作基肥，也可作为早期追肥，每亩用 30～40 千克。目前主要用在烟草等忌氯作物上，施用时可根据需要选用一种适宜的比例，或在追肥时用单质肥料进行调节。

3. 尿素-过磷酸钙-氯化钾复混肥系列

该产品是用尿素、过磷酸钙、氯化钾为主要原料生产的三元系列复混肥料，总养分含量在 28% 以上，还含有钙、镁、铁、锌等中量和微量元素，产品执行国家标准《复混肥料（复合肥料）》（GB 15063—2009）。

该产品外观为灰色或灰黑色颗粒，不起尘，不结块，便于装卸和施用，在水中会发生崩解。应注意防潮、防晒、防重压，开包施用最好一次用完，以防吸潮结块。

该系列肥适用于棉花、油菜、大豆、瓜果等作物，一般用作基肥和早期追肥，但不能直接接触种子和作物根系。基肥一般每亩用 50～60 千克，追肥一般每亩用 10～15 千克。

4. 尿素-钙镁磷肥-氯化钾复混肥系列

该产品是用尿素、钙镁磷肥、氯化钾为主要原料生产的三元系列复混肥料，产品执行国家标准《复混肥料（复合肥料）》（GB 15063—2009）。由于尿素产生的氨在和碱性的钙镁磷肥充分混合的情况下，易产生挥发损失，因此在生产上采用酸性黏结剂包裹尿素工艺技术，既可降低颗粒肥料的碱性度，施入土壤后又可减少或降低氮素的挥发损失和磷、钾素的淋溶损失，从而进一步提高肥料的利用率。

该产品含有较多营养元素，除含有氮、磷、钾外，还含有 6% 左右的氧化镁、1% 左右的硫、20% 左右的氧化钙、10% 以上的二氧化硅，以及少量的铁、锰、锌、钼等微量元素。物理性状良好，吸湿性小。

该系列肥适用于棉花、油菜、大豆、瓜果等作物，特别适用于南方酸性土壤。一般用作基肥，但不能直接接触种子和作物根系。基肥一般每亩用 50～60 千克。

5. 氯化铵-过磷酸钙-氯化钾复混肥系列

这类产品是用氯化铵、过磷酸钙、氯化钾为主要原料生产的三元复混肥，产品执行国家标准《复混肥料（复合肥料）》（GB 15063—2009）。

该产品物理性状良好，但有一定的吸湿性，贮存过程中应注意防潮结块。由于产品中的氯离子较多，适用于棉花、麻类等耐氯作物上。长期施用易使土壤变酸，因此在酸性土壤上施用应配施石灰和有机肥料。不宜在盐碱地及干旱缺雨的地区施用。

该系列肥主要作为基肥和追肥施用，基肥一般每亩用 50～60 千克，追肥一般每亩用 15～20 千克。

6. 尿素-磷酸铵-硫酸钾复混肥系列

该产品是用尿素、磷酸铵、硫酸钾为主要原料生产的三元复混肥料，属于无氯型氮磷钾三元复混肥，其总养分含量在 54% 以上，水溶性磷在 80% 以上，产品执行国家标准《复混肥料（复合肥料）》（GB 15063—2009）。

该产品有粉状和粒状两种。粉状肥料外观为灰白色或灰褐色均匀粉状物，不易结块，除了部分填充料外，其他成分均能在水中溶解。粒状肥料外观为灰白色或黄褐色粒状，pH 为 5.0～7.0，不起尘，不结块，便于装运和施肥。

该系列肥可作为烟草等忌氯作物的专用肥料，主要作为基肥和追肥施用，基肥一般每亩用 40～50 千克，追肥一般每亩用 10～15 千克。

7. 含微量元素的复混肥

生产含微量元素的复混肥的品种有以下原则：要有一定数量的基本微量元素种类，满足种植在缺乏微量元素的土壤上作物的需要；微量元素的形态要适合所有的施用方法。

含微量元素的复混肥料是添加一种或几种微量元素的二元或三元肥料，一般具有以下特点：大量元素与微量元素之间有最适宜的比例，无论采用哪种施肥方法都能有足够的养分供应；应是高浓度且易被作物吸收的形态；微量元素分布要均匀；具有良好的物理特性。目前生产的含微量元素的复混肥料大都是颗粒状。

（1）含锰复混肥料　是用尿素磷铵钾、磷酸铵和高浓度无机混合肥等，在造粒前加入硫酸锰，或将硫酸锰事先与一种肥料混合，再与其他肥料混合，经造粒而制成。主要品种有：含锰尿素磷铵钾，18-18-18-1.5（锰）；含锰硝磷铵钾，17-17-17-1.3（锰）；含锰无机混合肥料，18-18-

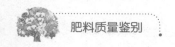

18-1.0（锰）；含锰磷酸一铵，12-52-0-3.0（锰）。

含锰复混肥料一般用作基肥，撒施用量为每亩 15～25 千克，条施用量为每亩 4～8 千克，主要用在缺锰土壤和对锰敏感的作物上。

（2）含硼复混肥料　是将硝磷铵钾肥、尿素磷铵钾肥、磷酸铵及高浓度无机混合肥等在造粒前加入硼酸，或将硼酸事先与一种肥料混合，再与其他肥料混合，经造粒而制成。主要品种有：含硼尿素磷铵钾，18-18-18-0.20（硼）；含硼锰硝磷铵钾，17-17-17-0.17（硼）；含硼无机混合肥料，16-24-16-0.2（硼）；含硼磷酸一铵，12-52-0-0.17（硼）。

含硼复混肥料一般用作基肥，撒施用量为每亩 20～27 千克，穴施用量为每亩 4～7 千克，主要用在缺硼锰土壤和对硼敏感的作物上。

（3）含钼复混肥料　是硝磷钾肥、磷钾肥（重过磷酸钙＋氯化钾或过磷酸钙＋氯化钾）同钼酸铵的混合物。含钼硝磷钾肥是向磷酸中添加钼酸铵进行中和，或者进行氨化、造粒而制成的。在制造磷-钾-钼肥时，需事先把过磷酸钙或氯化钾同钼酸铵进行浓缩。主要品种有：含钼硝磷钾肥，17-17-17-0.5（钼）；含钼重过磷酸钙＋氯化钾，0-27-27-0.9（钼）；含钼过磷酸钙＋氯化钾，0-15-15-0.5（钼）。

含钼复混肥适合蔬菜和大豆等作物。一般用作基肥，撒施用量一般为每亩 17～20 千克，穴施用量为每亩 3.5～6.7 千克。

（4）含铜复混肥料　是用尿素、氯化钾和硫酸铜为原料所制成的氮-钾-铜复混肥料，含氮 14%～16%、氧化钾 34%～40%、铜 0.6%～0.7%。一般可用在泥炭土和其他缺铜的土壤上，用作基肥或播种前作为种肥，每亩用量为 14～34 千克。

（5）含锌复混肥料　是以磷酸铵为基础制成的氮-磷-锌肥和氮-磷-钾-锌肥。含氮 12%～13%、五氧化二磷 50%～60%、锌 0.7%～0.8%，或氮 18%～21%、五氧化二磷 18%～21%、氧化钾 18%～21%、锌 0.3%～0.4%。适用于对锌敏感作物和缺锌土壤，一般用作基肥，撒施用量一般为每亩 20～25 千克，穴施用量为每亩 5～8 千克。

三、有机无机复混肥料

有机无机复混肥料是以无机原料为基础，填充物采用烘干鸡粪、经过处理的生活垃圾、污水处理厂的污泥及草炭、蘑菇渣、氨基酸、腐殖酸等有机物质，然后经造粒、干燥后包装而成。

有机无机复混肥在施用时，一是用作基肥，在旱地宜全耕层深施或条施；在水田则先将肥料均匀撒在耕翻前的湿润土面，耕翻入土后灌水，再耕细耙平。二是用作种肥，可采用条施或穴施，将肥料施于种子下方 3 ~ 5 厘米，防止烧苗；如果用作拌种，可将肥料与 1 ~ 2 倍细土拌匀，再与种子搅拌，随拌随播。

 # 第五节　新型肥料的性质与科学施用

新型肥料的主要类型有缓控释肥料、新型水溶肥料、尿素改性类肥料、功能性肥料等。

一、缓控释肥料

缓控释肥料是具有延缓养分释放性能的一类肥料的总称，在概念上可进一步分为缓释肥料和控释肥料，通常是指通过某种技术手段将肥料养分的速效性与缓效性相结合，其养分的释放模式（释放时间和释放率）是以实现或更接近作物的养分需求规律为目的，具有较高养分利用率的肥料。

1. 缓控释肥料的类型

缓控释肥料主要有聚合物包膜肥料、硫包衣肥料、包裹型肥料等类型。

（1）聚合包膜肥料　聚合包膜肥料是指肥料颗粒表面包裹了高分子聚合物膜层的肥料。通常有两种制备工艺方法：一是喷雾相转化工艺，即将高分子材料制备成包膜剂后，用喷嘴涂布到肥料颗粒表面形成包裹层的工艺方法；二是反应成膜工艺，即将反应单体直接涂布到肥料颗粒表面，直接反应形成高分子聚合物膜层的工艺方法。

（2）硫包衣肥料　硫包衣肥料是指在传统肥料颗粒的外表面包裹一层或多层阻滞肥料养分扩散的膜，来减缓或控制肥料养分的溶出速率。硫包衣尿素是最早实现产业化应用的硫包衣肥料。硫包衣尿素是使用硫黄为主要包裹材料对颗粒尿素进行包裹，实现对氮素缓慢释放的缓控释肥料，一般含氮 30% ~ 40%、硫 10% ~ 30%。生产方法有 TVA 法、改良 TVA 法等。

（3）包裹型肥料　包裹型肥料是一种或多种植物营养物质包裹另一种植物营养物质而形成的植物营养复合体，为区别聚合包膜肥料，包裹型肥料特指以无机材料为包裹层的缓释肥料产品，包裹层的物料所占比例达

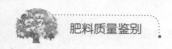

50%以上。包裹肥料的化工行业标准《无机包裹型复混肥料（复合肥料）》（HG/T 4217—2011）已颁布实施。

2. 缓控释肥料的特点

缓控释肥料最大的特点是能使养分释放与作物吸收同步，简化施肥技术，实现一次施肥能满足作物整个生长期的需要，减少肥料损失，提高肥料利用率。

（1）缓控释肥料的优点

1）缓控释肥料相对于速效化肥具有以下优点。在水中的溶解度小，营养元素在土壤中释放缓慢，减少了营养元素的损失；肥效长期、稳定，能源源不断地供给作物，满足整个生长期对养分的需求；由于缓释肥料养分释放缓慢，一次大量施用不会导致土壤盐分过高而"烧苗"；减少了肥料施用的数量和次数，节药成本。

2）缓控释肥料是农业部重点推广的肥料之一，是农业增产的第三次革命，相对于常规肥料具有以下特点。肥料利用率高，可达到50%以上；养分释放平稳有规律，增产效果明显，增产率达10%以上；大多数作物可实现一季只施1次肥，省时省力，减少浪费；包膜材料采用多硫化合物，可以杀菌驱虫；长期使用可以改善土壤性状，蓄水保墒、通气保肥。

（2）缓控释肥料的缺点　主要表现在：一是由于所用包膜材料或生产工艺复杂，致使缓控释肥料的价格高于常规肥料的2～5倍，一般只能用于经济价值高的花卉、蔬菜、草坪等生产中；二是多数包膜材料在土壤中残留，造成二次污染。

3. 缓控释肥料的科学施用

（1）肥料种类的选择　缓控释肥料有不同的控释时期和不同的养分含量，所以该肥有多个种类。不同控释时期主要对应于作物生育期长短，不同养分含量主要对应于不同作物的需肥量。因此，施肥过程中一定要针对性地选择施用。

（2）施用时期　缓控释肥料一定要作为基肥或前期追肥，即在作物播种或移栽前、作物幼苗生长期施用。

（3）施用量　建议单位面积缓控释肥料的用量按照往年作物施用量的80%进行施用。需要注意的是，农民朋友应根据不同目标产量和土壤条件进行适当增减。同时，还要注意氮、磷、钾适当配合和后期是否有脱肥现象发生。

（4）施用方法　施用缓控释肥料要做到种肥隔离，沟（条）施覆土。

种子与肥料的间隔距离：农作物、蔬菜一般为7~10厘米，果树一般为15~20厘米。肥料的施入深度：农作物、蔬菜一般为10厘米，果树一般为30~50厘米。

温馨提示

①缓控释肥料的肥效受土壤温度、水分、pH、微生物等影响，施用时要综合考虑这些因素。

②生长周期为6个月以内的作物可一次性施肥；超过6个月的采用2~4个月追肥1次。

二、尿素改性类肥料

尿素是一种高浓度氮肥，属于中性肥料，可用于生产多种复合肥料。目前我国尿素颗粒度占95%以上的是0.8~2.5毫米的小颗粒，有强度低、易结块和破碎粉化等弊病；同时小颗粒尿素无法进一步加工成掺混肥料、包裹肥料、缓释或长效肥料等以提高肥料利用率。而生产大颗粒尿素，势必要大幅度增加造粒塔高度和塔径，也不现实。因此，需要对尿素进行改性，形成多种尿素改性类肥料，以提高肥料利用率。

1. 尿素改性类肥料的类型

对传统肥料进行再加工，使其营养功能得到提高或使之具有新的特性和功能，是尿素一类改性肥料的重要内容。对传统化学肥料（如尿素）进行增效改性的主要技术途径有以下3类。

(1) 缓释法增效改性 通过发展缓释肥料，调控肥料养分在土壤中的释放过程，最大限度地使土壤的供肥性与作物需肥规律一致，从而提高肥料利用率。缓释法增效改性的肥料产品通常称作缓释肥料，一般包括包膜缓释和合成微溶态缓释，包膜缓释主要有硫包衣和树脂包衣，合成微溶态缓释主要有脲甲醛类型。

(2) 稳定法增效改性 通过添加脲酶抑制剂和（或）硝化抑制剂，以降低土壤脲酶和硝化细菌活性，减缓尿素在土壤中的转化速度，从而减少挥发、淋洗等损失，提高肥料利用率。

(3) 增效剂法增效改性 专指在肥料生产过程中加入海藻酸类、腐殖酸类、氨基酸类等天然活性物质所生产的肥料改性增效产品。海藻酸类、腐殖酸类、氨基酸类等增效剂都是天然物质或是植物源的，可以提高肥料利用率，且环保安全。通过向肥料中添加生物活性物质类肥料增效剂

79

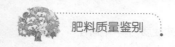

所生产的改性增效产品，通常称为增值肥料。近几年，海藻酸尿素、锌腐酸尿素、SOD尿素、聚能网尿素等增值肥料发展速度很快，年产量超过300万吨，累积推广面积达1.5亿亩，增产粮食达45亿千克，减少尿素损失超过60万吨。

据全国各地试验证明，改性尿素具有广阔的应用推广前景，其社会效益和经济效益十分明显。在社会效益上，使用1吨改性尿素添加剂，可减少100吨尿素的施用，减少30吨二氧化碳的排放；减少了尿素施用量，可大幅降低叶菜类硝酸盐和亚硝酸盐含量，大幅降低农药残留，改善作物营养品质。在经济效益上，可减少尿素施用量的40%～50%，减少运输、撒施、人工等费用；一般可增产10%以上；产品卖相好，提高了商品销售率。

2. 脲醛类肥料的科学施用

脲醛类肥料是由尿素和醛类在一定条件下反应制成的有机微溶性缓释性氮肥。

（1）脲醛类肥料的种类和标准　目前主要有脲甲醛、异丁叉二脲、丁烯叉二脲、脲醛缓释复合肥等，其中最具代表性的产品是脲甲醛。脲甲醛不是单一化合物，是由链长与分子量不同的甲基尿素混合而成的，主要有未反应的少量尿素、羟甲基脲、亚甲基二脲、二亚甲基三脲、三亚甲基四脲、四亚甲基五脲、五亚甲基六脲等缩合物所组成的混合物，其全氮（N）含量大约为38%。有固体粉状、片状或粒状，也可以是液体形态。

脲醛缓释复合肥是以脲醛树脂为核心原料的新型复合肥料。该肥料在不同温度下的分解速度不同，可以满足作物不同生长期的养分需求，养分利用率高达50%以上，肥效是同含量普通复合肥的1.6倍以上；该肥无外包膜、无残留，养分释放完全，可减轻养分流失和对土壤水源的污染。

我国2010年颁布了《脲醛缓释肥料》化工行业标准（HG/T 4137—2010），并于2011年3月1日起实施。脲醛缓释肥料的技术要求见表2-18；对含有部分脲醛肥料的复混肥料的技术要求见表2-19。

表2-18　脲醛缓释肥料的技术要求

项　目	指　标		
	脲甲醛	异丁叉二脲	丁烯叉二脲
总氮（TN）的质量分数（%）≥	36.0	28.0	28.0
尿素氮（UN）的质量分数（%）≤	5.0	3.0	3.0

（续）

项　目	指　标		
	脲甲醛	异丁叉二脲	丁烯叉二脲
冷水不溶性氮（CWIN）的质量分数（%）　≥	14.0	25.0	25.0
热水不溶性氮（HWIN）的质量分数（%）　≤	16.0		
缓释有效氮的质量分数（%）　≥	8.0	25.0	25.0
活性系数（AD）　≥	40	—	
水分（H_2O）的质量分数[①]（%）　≤	3.0		
粒度（1.00 ~ 4.75 毫米或 3.35 ~ 5.60 毫米）[②]　≥	90		

① 对于粉状产品，水分质量分数≤5.0%。

② 对于粉状产品，粒度不做要求，特殊形状或更大颗粒（粉状除外）产品的粒度可由供需双方协议确定。

表 2-19　含有部分脲醛缓释肥料的技术要求

项　目	指　标
缓释有效氮（以冷水不溶性氮 CWIN 计）的质量分数[①]（%）　≥	标明值
总氮（TN）的质量分数[②]（%）　≥	18.0
中量元素单一养分的质量分数（以单质计）[③]（%）　≥	2.0
微量元素单一养分的质量分数（以单质计）[④]（%）　≥	0.02

① 肥料为单一氮养分时，缓释有效氮（以冷水不溶性氮 CWIN 计）不应小于 4.0%；肥料养分为两种或两种以上时，缓释有效氮（以冷水不溶性氮 CWIN 计）不应小于 2.0%，应注明缓释氮的形式，如脲甲醛、异丁叉二脲、丁烯叉二脲。

② 该项目仅适用于含有一定量脲醛缓释肥料的缓释氮肥。

③ 包装容器标明含有钙、镁、硫时检测该项指标。

④ 包装容器标明含有铜、铁、锰、硼、钼时检测该项指标。

（2）脲醛类肥料的特点

1）可控。根据作物的需肥规律，通过调节添加剂多少的方式可以任意设计并生产不同释放期的缓释肥料。

2）高效。养分可根据作物的需求释放，大大减少养分的损失，提高肥料的利用率。

3）环保。养分向环境散失少，同时包壳可完全生物降解，对环境友好。

4）安全。较低盐分指数，不会烧苗伤根。

5）经济。可一次施用，整个生育期均发挥肥效，同时较常规施肥可减少用量，节肥、节约劳动力。

（3）脲醛肥料的选择和施用 脲醛类肥料只适合作为基肥施用，除了草坪和园林外，如果在水稻、小麦、棉花等大田作物施用时，应适当配合速效水溶性氮肥。

3. 稳定性肥料的科学施用

稳定性肥料是指在生产过程中加入了脲酶抑制剂和（或）硝化抑制剂，施入土壤后能通过脲酶抑制剂抑制尿素的水解，和（或）通过硝化抑制剂抑制铵态氮的硝化，使肥效期得到延长的一类含氮（含酰胺态氮或铵态氮）肥料，包括含氮的二元或三元肥料和单质氮肥。

（1）稳定性肥料的主要类型 包括含硝化抑制剂和脲酶抑制剂的缓释产品，如添加双氰胺、3,4-二甲基吡唑磷酸盐、正丁基硫代磷酰三胺、氢醌等抑制剂的稳定肥料。

目前，脲酶抑制剂主要类型有：一是磷胺类，如环乙基磷酸三酰胺、硫代磷酰三胺、磷酰三胺、N-丁基硫代磷酰三胺、N-丁基磷酰三胺等，主要官能团为 P＝O 或 S＝PNH_2。二是酚醌类，如对苯醌、氢醌、醌氢醌、蒽醌、菲醌、1,4-对苯二酚、邻苯二酚、间苯二酚、苯酚、甲苯酚、苯三酚、茶多酚等，其主要官能团为酚羟基醌基。三是杂环类，如六酰氨基环三磷腈、硫代吡啶类、硫代吡唑-N-氧化物、N-卤-2-咪唑艾堵烯、N，N-二卤-2-咪唑艾堵烯等，主要特征是均含有 —N＝基及含—O—基团。

硝化抑制剂的原料有：含硫氨基酸（蛋氨酸、甲硫氨酸等）、其他含硫化合物（二甲基二硫醚、二硫化碳、烷基硫醇、乙硫醇、硫代乙酰胺、硫代硫酸、硫代氨基甲酸盐等）、硫脲、烯丙基硫脲、烯丙基硫醚、双氰胺、吡唑及其衍生物等。

（2）稳定性肥料的特点 稳定性肥料采用了尿素控释技术，可以使氮肥有效期延长到 60～90 天，有效时间长；稳定性肥料有效抑制了氮素的硝化作用，可以使氮肥利用率提高 10%～20%，40 千克稳定性控释型尿素相当于 50 千克普通尿素。

（3）稳定性肥料的施用 可以用作基肥和追肥，施肥深度为 7～10 厘米，种肥隔离 7～10 厘米。用作基肥时，将总施肥量折纯氮的 50% 施用稳定性肥料，另外 50% 施用普通尿素。

温馨提示

① 由于稳定性肥料速效性慢，持久性好，需要较普通肥料提前3～5 天施用。

② 稳定性肥料的肥效可达 60～90 天，常见蔬菜、大田作物一季施用 1 次就可以，注意配合施用有机肥，才能达到理想效果；如果是作物生长前期，以长势为主的话，需要补充普通氮肥。

③ 各地的土壤墒情、气候、土壤质地不同，需要根据作物生长状况进行肥料补充。

4. 增值尿素的科学施用

增值尿素是指在基本不改变尿素生产工艺的基础上，增加简单设备，向尿液中直接添加生物活性类增效剂所生产的尿素增值产品。增效剂主要是指利用海藻酸、腐殖酸和氨基酸等天然物质经改性获得的、可以提高尿素利用率的物质。

（1）增值尿素的产品要求 增值尿素产品具有产能高、成本低、效果好的特点，应符合以下原则：含氮（N）量不低于46%，符合尿素产品含氮量的国家标准；可建立添加增效剂的增值尿素质量标准，具有常规的可检测性；增效剂微量高效，添加量在 0.05%～0.5% 之间；工艺简单，成本低；增效剂为天然物质及其提取物或合成物，对环境、作物和人体无害。

（2）增值尿素的主要类型 目前，市场上的增值尿素产品主要有以下 7 种。

1）木质素包膜尿素。木质素是一种含有许多负电基团的多环高分子有机物，对土壤中的高价金属离子有较强的亲和力。木质素比表面积大，质轻，作为载体与氮、磷、钾、微量元素混合，养分利用率可达 80% 以上，肥效可持续 20 周之久；无毒，能降解，能被微生物降解成腐殖酸，可以改善土壤理化性质，提高土壤通透性，防止板结；在改善肥料的水溶性、降低土壤中脲酶活性、减少有效成分被土壤组分固持及提高磷的活性等方面有明显效果。

2）腐殖酸尿素。腐殖酸与尿素通过科学工艺进行有效复合，可以使尿素养分具有缓释性，并通过改变尿素在土壤中的转化过程和减少氮素的损失，改善养分的供应，从而使氮肥利用率提高 45% 以上。如锌腐酸尿素，是在每吨尿素中添加锌腐酸增效剂 10~50 千克，颜色为棕色至黑色，腐殖酸含量不低于 0.15%，腐殖酸沉淀率不高于 40%，含氮量不低于 46%。

3）海藻酸尿素。在尿素常规生产工艺过程中，添加海藻酸增效剂（含有海藻酸、吲哚乙酸、赤霉素、萘乙酸等）生产的增值尿素，可促进作物根系生长，提高根系活力，增强作物吸收养分的能力；可抑制土壤脲酶活性，降低尿素的氨挥发损失；发酵海藻增效剂中的物质与尿素发生反应，通过氢键等作用力延缓尿素在土壤中的释放和转化过程；海藻酸尿素还可以起到抗旱、抗盐碱、耐寒、杀菌和提高产品品质等作用。海藻酸尿素是在每吨尿素中添加海藻酸增效剂 10~30 千克，颜色为浅黄色至浅棕色，海藻酸含量不低于 0.03%，含氮量不低于 46%，尿素残留差异率不低于 10%，氨挥发抑制率不低于 10%。

4）禾谷素尿素。在尿素常规生产工艺过程中，添加禾谷素增效剂（以天然谷氨酸为主要原料经聚合反应而生成的）生产的增值尿素，其中谷氨酸是作物体内多种氨基酸合成的前体，在作物生长过程中起着至关重要的作用；谷氨酸在作物体内形成的谷氨酰胺，贮存氮素并能消除因氨浓度过高产生的毒害作用。因此，禾谷素尿素可促进作物生长，改善氮素在作物体内的贮存形态，降低氨对作物的危害，提高养分利用率，可补充土壤的微量元素。禾谷素尿素，是在每吨尿素中添加禾谷素增效剂 10~30 千克，颜色为白色至浅黄色，含氮量不低于 46%，谷氨酸含量不低于 0.08%，氨挥发抑制率不低于 10%。

5）纳米尿素。在尿素常规生产工艺过程中，添加纳米碳生产的增值尿素，纳米碳进入土壤后能溶于水，使土壤的 EC 值增加 30%，可直接形成 HCO_3^-，以质流的形式进入根系，进而随着水分的快速吸收，携带大量的氮、磷、钾等养分进入作物合成叶绿体和线粒体，并快速转化为生物能淀粉粒，因此纳米碳起到生物泵作用，可增加作物根系吸收养分和水分的潜能。每吨纳米尿素的成本只增加 200~300 元，但在高产条件下可节肥 30% 左右，使每亩综合成本下降 20%~25%。

6）多肽尿素。在尿素溶液中加入金属蛋白酶，经蒸发器浓缩造粒而成的增值尿素。酶是生物发育成长不可缺少的催化剂，因为生物体进行新陈代谢的所有化学反应，几乎都是在生物催化剂酶的作用下完成的。多肽是涉及生物体内各种细胞功能的生物活性物质。肽键是氨基酸在蛋白质分子中的主要连接方式，肽键金属离子化合而成的金属蛋白酶具有很强的生物活性，酶鲜明地体现了生物的识别、催化、调节等功能，可激化化肥，促进化肥分子活跃。金属蛋白酶可以被作物直接吸收，因此可节省作物在转化微量元素中所需要的"体能"，大大促进了作物的生长发育。经试验，施用多肽尿素，作物一般可提前 5～15 天成熟（玉米提前 5 天左右，棉花提前 7～10 天，西红柿提前 10～15 天），且可以提高化肥利用率和农作物品质等。

7）微量元素增值尿素。在熔融的尿素中添加 2% 的硼砂和 1% 硫酸铜的大颗粒尿素，便为微量元素增值尿素。试验表明，含有硼、铜的尿素可以减少尿素中的氮损失，既能使尿素增效，又能使作物得到硼、铜等微量元素营养，提高产量。硼、铜等微量元素能使尿素增效的机理是：硼砂和硫酸铜有抑制脲酶的作用及抑制硝化和反硝化细菌的作用，从而提高尿素中氮的利用率。

（3）增值尿素的施用 理论上，增值尿素可以和普通尿素一样，应用在所有适合施用尿素的作物上，但是不同的增值尿素其施用时期、施用量、施用方法等是不一样的，施用时需注意以下事项。

1）施用时期。木质素包膜尿素不能和普通尿素一样，只能作为基肥一次性施用。其他增值尿素可以和普通尿素一样，既可以用作基肥，也可以用作追肥。

2）施肥量。增值尿素可以提高氮肥利用率 10%～20%，因此，施用量可比普通尿素减少 10%～20%。

3）施肥方法。增值尿素不能像普通尿素那样表面撒施，应当采取沟施、穴施等方法，并应适当配合有机肥、普通尿素、磷钾肥及中微量元素肥料施用。

▌温馨提示

增值尿素不适合作为叶面肥，不适合作为冲施肥，也不适合在滴灌或喷灌水肥一体化中施用。

三、水溶性肥料

水溶性肥料是指经水溶解或稀释，用于灌溉施肥、叶面施肥、无土栽

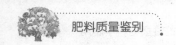

培、浸种蘸根等用途的液体或固体肥料。养分含量多用 N-P_2O_5-K_2O + TE 来表示，如 20-20-20 + TE 表示这个水溶性肥料中总氮量为 20% 、五氧化二磷为 20% 、氧化钾为 20% ，并含有微量元素。

1. 水溶性肥料的类型

水溶性肥料的类型多种多样，广义上包括农标水溶肥料和部分传统的化学肥料。农标水溶肥料是指农业部行业标准规定的水溶性肥料产品；传统的化学肥料具有水溶性特点的有硫酸铵、尿素、硝酸铵、磷酸铵、氯化钾、硫酸钾、硝酸钾、氯化铵、碳酸氢铵、磷酸二氢钾，可溶性的具有国家标准的单一微量元素肥料，以及其他配方的水溶性肥料产品和改变剂型的单质微量元素水溶肥料等。狭义上主要是指农标水溶肥料。

（1）大量元素水溶肥料　是以氮、磷、钾大量元素为主，按照适合作物生长所需比例，添加微量元素或中量元素制成的液体或固体水溶肥料。大量元素水溶肥料主要有以下两种类型：大量元素水溶肥料（中量元素型）和大量元素水溶肥料（微量元素型），每种类型又分固体和液体两种剂型。要求大量元素含量不低于 50.0% 或 500 克/升，大量元素水溶肥料（中量元素型）的中量元素含量不低于 1.0% 或 10 克/升，大量元素水溶肥料（微量元素型）的微量元素含为 0.2% ~ 3.0% 或 2 ~ 30 克/升。

（2）微量元素水溶肥料　由铜、铁、锰、锌、硼、钼等微量元素按照作物生长所需的比例，或单一微量元素制成的液体或固体水溶肥料。要求微量元素含量不低于 10.0% 或 100 克/升。

（3）中量元素水溶肥料　由钙、镁等中量元素按照适合作物生长所需的比例，或添加微量元素制成的液体或固体水溶肥料。要求中量元素含量不低于 10.0% 或 100 克/升。

（4）含氨基酸水溶肥料　是以游离氨基酸为主体，按适合作物生长所需的比例，添加适量钙、镁等中量元素或铜、铁、锰、锌、硼、钼等微量元素而制成的液体或固体水溶肥料。要求游离氨基酸含量不低于 10.0% 或 100 克/升，中量元素型的中量元素含量不低于 3.0% 或 30 克/升，微量元素型的微量元素含量不低于 2.0% 或 20 克/升。

（5）含腐殖酸水溶肥料　以适合作物生长所需比例的矿物源腐殖酸，添加适量比例的氮、磷、钾大量元素或铜、铁、锰、锌、硼、钼等微量元素而制成的液体或固体水溶肥料。要求腐殖酸含量不低于 3.0% 或 30 克/升，大量元素型的大量元素含量不低于 20.0% 或 200 克/升，微量元素型的微量元素含量不低于 6.0% 。

2. 水溶性肥料的特点

水溶性肥料的最大特点是完全溶解于水，是一种速效性肥料。

（1）全营养、全水溶、易吸收 与传统的肥料品种相比，水溶性肥料具有明显的优势。它不仅是一种可以完全溶于水的多元复合肥料，能迅速地溶解于水中，容易被作物吸收，吸收利用率相对较高，关键是它可以实现水肥一体化，应用于喷灌、滴灌等设施农业，达到省水、省肥、省工的效能。

（2）节水节肥、安全高效 其主要特点是使用方便、用量少、节水节肥、成本低、吸收快、营养成分利用率极高。由于水溶性肥料的施用方法是随水灌溉，所以使得施肥极为均匀，这也为提高产量和品质奠定了坚实的基础。人们可以根据作物生长所需要的营养需求特点来设计配方。科学的配方不会造成肥料的浪费，使得其肥料利用率几乎是常规复合化学肥料的 2～3 倍。

（3）速效可控、方便配方施肥 水溶性肥料是一种速效肥料，可以让种植者较快地看到肥料的效果和表现，并可以根据作物不同长势和生长期对肥料配方做出调整。

由于水溶肥料配方灵活，能够满足现代施肥技术的"四适"要求，即适土壤、适作物、适时、适量。根据土壤肥力水平、养分含量的多寡，根据作物不同生长时期的需肥特性，及时补充作物缺少的养分，结合先进的灌水设施可以实现少量多次、定量施肥，施肥方便，不受作物生育期的影响。

（4）施用便捷、省时省工 水溶性肥料的施用方法十分简便，它可以随着灌溉水包括喷灌、滴灌等方式在灌溉时施肥，节水节肥的同时还节约了劳动力。这在劳动力成本日益高涨的今天，使用水溶性肥料的效益是显而易见的。

3. 水溶肥料的科学施用

水溶性肥料不但配方多样而且使用方法十分灵活，一般有以下 3 种。

（1）土壤浇灌 在对土壤浇水或者灌溉的时候，先行混合在灌溉水中，这样可以让作物根部全面地接触到肥料，通过根的呼吸作用把化学营养元素运输到植株的各个组织中。

（2）叶面施肥或浸种。把水溶性肥料先行稀释溶解于水中进行叶面喷施，或者与非碱性农药一起溶于水中进行叶面喷施，通过叶面气孔进入植株内部。对于一些幼嫩的作物或者根系不太好的作物出现缺素症状时，

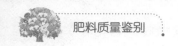

叶面喷施是一个最佳纠正缺素症的选择，可极大地提高肥料吸收利用效率，节约营养元素在作物内部的运输过程。浸种时一般用水稀释100倍，浸种6~8小时，沥水晾干后即可播种。叶面喷施应注意以下几点。

1）喷施浓度。喷施浓度以既不伤害作物叶面，又可节省肥料，提高功效为目标。可参考肥料包装上的推荐浓度，一般每亩喷施40~50千克溶液。

2）喷施时期。喷施时期多数在苗期、花蕾期和生长盛期。溶液湿润叶面的时间要求能维持0.5~1小时，一般选择傍晚无风时进行喷施较宜。

3）喷施部位。应重点喷洒上、中部叶片，尤其是多喷洒叶片反面。若为果树则应重点喷洒新梢和上部叶片。

4）增添助剂。为提高肥液在叶片上的黏附力，延长肥液湿润叶片时间，可在肥料溶液中加入助剂（如中性洗衣粉、肥皂粉等），提高肥料利用率。

5）混合喷施。为提高喷施效果，可将多种水溶肥料混合或肥料与农药混合喷施，但应注意营养元素之间的关系、肥料与农药之间是否有害。

（3）滴灌和无土栽培　在一些沙漠地区或者极度缺水的地方，人们往往用滴灌和无土栽培技术来节约灌溉水并提高劳动生产效率。这时作物所需要的营养可以通过水溶性肥料来获得，即节约了用水，又节省了劳动力。

▎温馨提示

水溶肥料应贮存于阴凉干燥处，在运输过程中应防压、防晒、防渗、防包装破损。

四、功能性肥料

功能性肥料是指除了肥料具有作物营养和培肥土壤的功能以外的特殊功能的肥料。只有符合以下4个要素，我们才能把它称作功能性肥料：第一，本身是能直接提供作物营养所必需的营养元素或者是培肥土壤。第二，必须具有一个特定的对象。第三，不能含有法律、法规不允许添加的物质成分。第四，不能以加强或是改善肥效为主要功能。

1. 功能性肥料的主要类型

功能性肥料是21世纪新型肥料的重要研究、发展方向之一，是将作物营养与其他限制作物高产的因素相结合的肥料，可以提高肥料利用率，提高单位肥料对作物增产的效率。功能性肥料主要包括高利用率肥料、改善水分利用率的肥料、改善土壤结构的肥料、适应于优良品种特性的肥料、改善作物抗倒伏特性的肥料、防除杂草的肥料，以及抗病虫害的肥料等。

（1）高利用率肥料　该功能性肥料是以提高肥料利用率为目的，在不增加肥料施用总量的基础上，提高肥料的利用率，减少肥料的流失，减少肥料流失对环境的污染，达到增加产量的效果。如底施功能性肥料，在底施（基施、冲施）等肥料中添加植物生长调节剂，如复硝酚钠、DA-6、α-萘乙酸钠、芸苔素内酯、甲哌嗡等，可以提高作物对肥料的吸收和利用，提高肥料利用率，提高肥料的速效性和高效性；叶面喷施功能性肥料有缓（控）释肥料，如微胶囊叶面肥料、高展着润湿肥料，均可以提高肥料利用率。

（2）改善水分利用率的肥料　即以提高水分利用率，解决一些地区干旱问题的肥料。随着保水剂研究的不断发展，人们开始关注保水型功能肥料。如华南农业大学率先开展了保水型控释肥料的研究，利用高吸水树脂与肥料混合施用，制成保水型肥料，该产品在我国西部、北部试验，取得了良好的效果。

（3）改善土壤结构的肥料　粮食生产的任务加大和化学肥料的使用，导致土壤结构严重破坏，有机质不断下降，严重影响土壤的再生能力。为此，在最近10年，土壤结构改良、保护土壤结构成为国家农业的一项重大课题，随之产生了改善土壤结构的功能性肥料。如在肥料中增加表面活性物质，使土壤变得松散透气，增加微生物群也属于功能肥料的一个类型，如最近两年市场上流行的"勉耕"肥料就是其中一例。

（4）适应优良品种特性的肥料　优良品种的使用，提高了农产品的质量和产量，但也存在一些问题，需要有与之配套的专用肥料和相关的农业技术。如转基因抗虫棉在我国已被大面积推广应用，但抗虫棉苗期的根系欠发达、抗病能力差，导致了育苗时的困难。有关单位研究出了针对抗虫棉的苗期肥料，进行苗床施用和苗期喷施，2004年和2005年收到了很好的效果。

（5）改善作物抗倒伏特性的肥料　小麦、水稻、棉花等多种农作物的产量在不断提高，但其秸秆的高度和承重能力是一定的，控制它们的生长高度，提高载重能力，减少倒伏已经成为肥料施用技术的一个关键所在。如小麦、水稻应用多效唑、甲哌鎓与肥料混用，大豆应用DA-6、甲

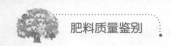

哌鎓与肥料混用，玉米应用乙烯利、DA-6与肥料混用等均收到理想的效果，有效地控制了株高，防止倒伏，使作物稳产、高产、优产。

（6）防除杂草的肥料　在芽前除草和叶面喷施除草与肥料混合施用，可以提高肥料利用率，减少杂草对肥料的争夺，且在施用上减少劳动付出，提高劳动生产率。因此，它必将成为肥料发展的一个重要品种。

（7）抗病虫害的肥料　是指将肥料与杀菌剂、杀虫剂或多功能物质相结合，通过特定工艺而生产的新型多功能肥料。如含有营养功能的种衣剂、浸种剂，防治根线虫和地下害虫的药肥，防治枯黄萎病的药肥等已经被广泛应用。

2. 保水型功能肥料

保水型功能肥料是将保水剂与肥料复合，把水、肥两者调控，集保水与供肥于一体，以提高水分利用率。

（1）**保水型功能肥料的类型**　根据保水剂与肥料的复合工艺可将其分为4种类型。

1）物理吸附型。是将保水剂加入到肥料溶液中，让其吸收溶液形成水溶胶或水凝胶，或者将其混合液烘干成干凝胶。如在保水剂中加入腐殖酸肥料。

2）包膜型。保水剂具有"以水控肥"的功能，因此可作为控释材料用于包膜控释肥的生产。如利用高水性树脂与大颗粒尿素为原料生产包膜尿素。

3）混合造粒型。通过挤压、圆盘及转鼓等各式造粒机将一定比例的保水剂和肥料混合制成颗粒，即可制成各种保水长效复合肥。

4）构型。这类肥料多为片状、碗状、盘状产品，因其构型而具有托水力，与保水材料原有的吸水力共同作用，使其保水力更大，保水保肥效果更明显。

（2）**保水型功能肥料的科学施用**　保水型功能肥料主要作为基肥施用，逐渐向追肥方向发展。施用方式主要有撒施、沟施、穴施、喷施等。一般固体型多撒施、沟施、穴施，液体型多喷施，也可以与滴灌、喷灌相结合施用，但应注意选用交联度低、流动性好的保水材料，稀释为溶液，或与肥料一起制成稀液施用。

3. 药肥

药肥是将农药和肥料按一定的比例配方相混合，并通过一定的工艺技术将肥料和农药稳定于特定的复合体系中而形成的新型生态复合肥料，一般以肥料作为农药的载体。

（1）药肥的特点 药肥是具有杀抑农作物病虫害或作物生长调节中的一种或一种以上的功能，且能为农作物提供营养或同时具有提供营养和提高肥料及农药利用率的功能性肥料。具有"平衡施肥、营养齐全；广谱高效、一次搞定；前控后促、增强抗逆性；肥药结合、互作增效；操作简便、使用安全；省工节本、增产增收；以肥代料、安全环保；贮运方便、低碳节能；多方受益、利国利民"九大优点。它将农业中使用的农药与肥料两种最重要的农用化学品统一起来，考虑两者自然相遇后各自效果可能递减的影响，将农药的植物保护和肥料的养分供给这两个田间操作合二为一，节省劳力，降低生产成本。当农药和肥料均处于最佳施用期时，能提高药效和肥效。世界一些发达国家已将农药与肥料合剂推向市场，被第二次国际化肥会议认为现代最有希望的药肥合剂（KAC），就是在其中加入除草剂、微量元素和激素。国外的药肥合剂制造已发展成为一个庞大的肥料工业分支，但国内药肥工业尚不完善，存在很大的差距。

（2）药肥的科学施用

1）作为基肥。药肥可与作为基肥的固体肥料混在一起撒施，然后耙混于土壤中。对于含有除草剂多的药肥，深施会降低其药效，一般应施于3~5厘米的土层。

2）用于种子处理。具有杀菌剂功能的药肥可以用于处理种子，处理种子的方法有拌种和浸种。

3）作为追肥。药肥可以在作物生长期作为追肥应用。在旱地施用时应注意土壤湿度，可结合灌溉或下雨施用。

4）用于叶面喷施。常和农药（特别是植物生长调节剂）混用的水溶性肥料，可通过叶面喷施方法进行施用。

4. 改善土壤结构的肥料

改善土壤结构的肥料主要是含有肥料功能的土壤改良剂，如有机肥料、生物有机肥料等。这里主要以微生物松土剂为例。微生物松土剂产品可分为乳液、粉剂两大类。乳液外观呈乳白色液体，粉剂外观呈白色粉末，含有腐殖酸、团粒结构黏结剂，以及中、微生物元素和生物活性物质。

（1）微生物松土剂的应用范围 适于各种土壤，如蔬菜、果树、花卉、茶树、草药、绿化苗木等地，特别是对果树地的作用效果明显。

（2）微生物松土剂的施用 根据土壤板结的程度不同，其用量为1~

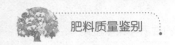

2袋/亩（每袋为5千克）。施用方法主要有以下3种。

1）拌种。将种子放入清水内浸湿后捞出控干，随后将本产品直接扬撒在种子上，混拌均匀，阴干后播种；拌种衣剂的种子应先拌种衣剂，后拌本产品。

2）拌土。播种时，将本产品均匀地撒在土壤表面，疑似撒化肥。

3）拌肥。作为种肥或底肥时，可将本产品与化肥或有机肥拌在一起，随肥料一起施入。

第三章

肥料的科学选购

　　市场上销售的肥料种类和品种繁多，选购适宜的肥料，对于广大肥料用户获得高产高效具有重要意义。

第一节　肥料的包装与标识

　　查看肥料的包装及标识是否规范，是鉴别肥料优劣的第一步。伪劣肥料往往在包装、标识上也会粗制滥造。符合质量标准的肥料产品，其包装、标识也应符合标准，除应有正规的包装袋外，在外包装上还应有明确的标识。包装袋上应明确地标注出产品名称、执行的标准及编号、商标、主要养分含量、净重，还应标明生产厂名、厂址。如果是进口肥料，应标明肥料生产国家。了解一些肥料的包装、标识，对于识别肥料的质量有重要的参考价值。

一、固体化学肥料包装的标准解读

　　原国家质量监督检验检疫总局、国家标准化管理委员会于 2009 年 11 月 30 日颁布了《固体化学肥料包装》（GB 8569—2009）国家标准，自 2010 年 6 月 1 日起实施。

　　1. 范围

　　该标准规定了固体化学肥料的包装材料及包装件的要求、试验方法、检验规则、标识、运输和贮存。

　　该标准适用于氮肥、磷肥、钾肥、复混肥料（复合肥料）及其他种类的固体化学肥料的包装。

　　2. 要求

　　（1）规格　固体化学肥料的包装规格按内装物料净含量一般分为 50

千克、40 千克、25 千克和 10 千克 4 种。其他规格可以由供需双方协商确定。

（2）包装材料的技术要求

1）不属危险货物的固体化学肥料包装材料的技术要求。不属危险货物的固体化学肥料，按表 3-1 中的规定选用包装材料。

表 3-1　固体化学肥料包装材料的选用

化肥产品名称	多 层 袋		复 合 袋	
	外袋：塑料编织袋 内袋：聚乙烯薄膜袋	外袋：塑料编织袋 内袋：聚乙烯薄膜袋	二合一袋 （塑料编织布/膜）	三合一袋 （塑料编织布/膜/牛皮纸）
尿素	√	—	√	—
硫酸铵	√	—	—	—
碳酸氢铵	√	√	—	—
氯化铵	√	—	—	—
重过磷酸钙	√	—	—	—
过磷酸钙	√	—	—	—
钙镁磷肥	√	—	—	√
硝酸铵	√	—	—	—
硝酸磷肥	√	—	—	—
复混肥料	√	—	—	—
氯化钾	√	—	√	—

注：表中带"√"者，为可以使用的包装材料；表中带"—"者，为不推荐使用的包装材料。

用于包装固体化学肥料的塑料编织袋应符合 GB/T 8946 标准的规定；复合塑料编织袋应符合 GB/T 8947 标准的规定。多层袋中内袋采用聚乙烯薄膜时，应符合 GB/T 4456 标准的规定；采用聚氯乙烯时厚度应大于（或等于）0.06 毫米，并符合 QB 1257 标准的规定。可以使用生物分解塑料或可堆肥塑料制作肥料包装的内袋，其技术指标应符合 GB/T 20197 标准中的要求。

2）属于危险货物的固体化学肥料包装材料的技术要求。

① 氰氨化钙包装材料的技术要求。氰氨化钙的包装为以下 3 种：全开口或中开口钢桶（钢板厚 1.0 毫米），内包装为厚度在 0.1 毫米以上的塑料袋；外包装为塑料编织袋或乳胶布袋，内包装为两层塑料袋（每层

袋厚 0.1 毫米）；外包装为复合塑料编织袋，内包装为厚度在 0.1 毫米以上的塑料袋。

②含硝酸铵的固体化学肥料包装材料的技术要求。对于含有硝酸铵的固体化学肥料，根据 WJ 9050 检测判定为具备抗爆性能的，其包装材料应选用以下 3 种之一：外包装为塑料编织袋，内包装为聚乙烯薄膜袋；二合一袋（塑料编织布/膜）；三合一袋（塑料编织布/膜/牛皮纸）。

3）灌装温度及袋型选择。

①采用塑料编织袋与高密度聚乙烯（包括改性聚乙烯）薄膜袋组成的多层袋灌装时，物料温度应低于 95℃；采用塑料编织袋与低密度聚乙烯薄膜袋组成的多层袋灌装时，物料温度应低于 80℃；采用塑料编织袋灌装时，物料温度应低于 80℃。

②采用塑料编织袋或复合塑料编织袋包装，内装物料质量为 10 千克时，选用 TA 型袋；内装物料质量为 25 千克时，选用 A 型袋；内装物料质量为 40 千克时，选用 B 型袋；内装物料质量为 50 千克时，选用 B 型袋或 C 型袋（以上 TA、A、B、C 型袋允许装载质量应符合 GB/T 8946、GB/T 8947 标准的规定）。

4）包装件的技术要求。包装件应符合表 3-2 中的规定。

表 3-2　固体化学肥料包装件的要求

项目名称		技术要求
上缝口针数/（针/10 厘米）		9～12
上缝口强度/（牛/50 毫米）	内装物料质量为 10 千克	≥250
	内装物料质量为 25 千克	≥300
	内装物料质量为 40 千克	≥350
	内装物料质量为 50 千克	≥400
薄膜内袋封口热合力/（牛/50 毫米）		≥10
折边宽度/毫米		≥10
缝线至缝边距离/毫米		≥8

注：1. 上缝口应折边（卷边）缝合。当多层袋内衬为聚乙烯薄膜袋且采用热合封口或扎口时，外袋可不折边（卷边）。

2. 缝线应采用耐酸、耐碱的合成纤维线或相当质量的其他线。

3. 按规定的方法进行试验，试验后化肥包装件应不破裂。撞击时若有少量物质从封口中漏出，只要不出现进一步渗漏，该包装也应视为试验合格。

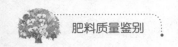

5）跌落试验方法。试验用化肥包装件各部位的标示应按 GB/T 4857.1 中的规定。

采用试验架或人工方法做跌落试验时，应做到化肥包装件垂直自由落体运动，跌落面能水平地接触地面。化肥包装件的跌落高度为 1.2 米。试验条件为常温、常压。跌落靶面应是坚硬、无弹性、平坦和水平的表面。

试验步骤（使用同一件）：第一次，跌落面 1 或面 3；第二次，跌落面 2 或面 4；第三次，跌落面 5 或面 6。

6）标识。化肥包装件应根据内装物料的性质，按 GB 18382 中的规定进行标识。

二、肥料标识、内容和要求的标准解读

原国家质量监督检验检疫总局、国家标准化管理委员会于 2001 年 7 月 26 日颁布了《肥料标识　内容和要求》（GB 18382—2001）国家标准，自 2002 年 7 月 1 日起实施。

1. 范围

该标准规定了肥料标识的基本原则、一般要求及标识内容等。

该标准适用于中华人民共和国境内生产、销售的肥料。

2. 定义

该标准采用下列定义。

（1）标识　用于识别肥料产品及其质量、数量、特征和使用方法所做的各种表示的统称。标识可以用文字、符号、图案及其他说明物等表示。

（2）标签　供识别肥料和了解其主要性能而附以必要资料的纸片、塑料片或者包装袋等容器的印刷部分。

（3）包装肥料　预先包装于容器中，以备交付给客户的肥料。

（4）容器　直接与肥料相接触并可按其单位量运输或贮存的密闭贮器（如袋、瓶、槽、桶）。个别国家将肥料超大尺寸包装的产品称为散装。

（5）肥料　以提供植物养分为其主要功效的物料。

（6）缓效肥料　养分所呈的化合物或物理状态，能在一段时间内缓慢释放供植物持续吸收利用的肥料。

（7）包膜肥料　为改善肥料功效和（或）性能，在其颗粒表面涂以其他物质薄层制成的肥料。

（8）**复混肥料** 氮、磷、钾3种养分中，至少有2种养分标明量的由化学方法和（或）掺混方法制成的肥料。

（9）**复合肥料** 氮、磷、钾3种养分中，至少有2种养分标明量的仅由化学方法制成的肥料，是复混肥料的一种。

（10）**有机—无机复混肥料** 含有一定量有机质的复混肥料。

（11）**单一肥料** 氮、磷、钾3种养分中，仅具有1种养分标明量的氮肥、磷肥或钾肥的通称。

（12）**大量元素**（主要养分） 对元素氮、磷、钾的通称。

（13）**中量元素**（次要养分） 对元素钙、镁、硫等的通称。

（14）**微量元素**（微量养分） 植物生长所必需的，但相对来说是少量的元素，如硼、锰、铁、锌、铜、钼或钴等。

（15）**肥料品位** 以百分数表示的肥料养分含量。

（16）**配合式** 按总氮—有效五氧化二磷—氧化钾（$N—P_2O_5—K_2O$）顺序，用阿拉伯数字分别表示其在复混肥料中所占百分比含量的一种方式。其中，"0"表示肥料中不含该元素。

（17）**标明量** 在肥料或土壤调理剂标签或质量证明书上的元素（或氧化物）含量。

（18）**总养分** 总氮、有效五氧化二磷和氧化钾的含量之和，以质量百分数计。

3. 原理

规定标识的主要内容及定出肥料包装容器上的标识尺寸、位置、文字、图形等大小，以使用户鉴别肥料并确定其特征。这些规定因所用的容器不同而异，如装大于25千克（或25升）肥料的，或装5~25千克（或5~25升）肥料的，或装小于5千克（5升）肥料的。

4. 基本原则

标识所标注的所有内容，必须符合国家法律和法规的规定，并符合相应产品标准的规定。

标识所标注的所有内容，必须准确、科学、通俗易懂。

标识所标注的所有内容，不得以错误的、引起误解的或欺骗性的方式描述或介绍肥料。

标识所标注的所有内容，不得以直接或间接暗示性的语言、图形、符号导致用户将肥料或肥料某一性质与另一肥料产品混淆。

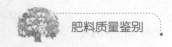

5. 一般要求

标识所标注的所有内容，应清楚并持久地印刷在统一的并形成反差的基底上。

（1）文字　标识中的文字应使用规范汉字，可以同时使用少数民族文字、汉语拼音及外文（养分名称可以用化学元素符号或分子式表示），汉语拼音和外文字体小于相应汉字和少数民族文字。应使用法定计量单位。

（2）图示　应符合 GB 190 和 GB 191 的规定。

（3）颜色　使用的颜色应醒目、突出、易使用户特别注意并能迅速识别。

（4）耐久性和可用性　直接印在包装袋上，应保证在产品的可预计寿命期内的耐久性，并保持清晰可见。

（5）标识的形式　分为外包装标识、合格证、质量证明书、说明书及标签等。

6. 标识内容

（1）肥料名称及商标　应标明国家标准、行业标准已经规定的肥料名称。对商品名称或者特殊用途的肥料名称，可在产品名称下以小 1 号字体予以标注。国家标准、行业标准对产品名称没有规定的，应使用不会引起用户、消费者误解和混淆的常用名称。产品名称不允许添加带有不实、夸大性质的词语，如"高效×""肥王""全元素肥料"等。企业可以标注经注册登记的商标。

（2）肥料规格、等级和净含量　肥料产品标准中已规定规格、等级、类别的，应标明相应的规格、等级、类别。若仅标明养分含量，则视为产品质量全项技术指标符合养分含量所对应的产品等级要求。肥料产品单件包装上应标明净含量。净含量标注应符合《定量包装商品计量监督规定》的要求。

（3）养分含量　应以单一数值标明养分的含量。

1）单一肥料应标明单一养分的百分含量。若加入中量元素、微量元素，可标明中量元素、微量元素（以元素单质计，下同），但应按中量元素、微量元素两种类型分别标识各单养分含量及各自相应的总含量（图3-1），不得将中量元素、微量元素含量与主要养分相加。微量元素含量低于 0.02% 或（和）中量元素含量低于 2% 的不得标明。

2）复混肥料（复合肥料）应标明总氮、五氧化二磷、氧化钾的百分含量，总养分标明值应不低于配合式中单养分标明值之和，不得将其他元素或化合物计入总养分。应以配合式分别标明总氮、五氧化二磷、氧化钾的百分含量，如氮磷钾复混肥料 18-18-18（图 3-2）。二元肥料应在不含单养分的位置标以"0"，如氮钾复混肥料 15-0-10。若加入中量元素、微量元素，可不在包装容器和质量说明书上标明（有国家标准或行业标准规定的除外）。

图 3-1　单一肥料标识图　　图 3-2　复混肥料标识

3）中量元素肥料应分别单独标明各中量元素养分含量及中量元素养分含量之和。含量小于 2% 的单一中量元素不得标明。若加入微量元素，可标明微量元素，应分别标明微量元素的含量及总含量，不得将微量元素含量与中量元素相加。

4）微量元素肥料应分别标出各种微量元素的单一含量及微量元素养分含量之和。

5）其他肥料参照单一肥料和复混肥料执行。

（4）其他添加物含量　若加入其他添加物，可标明各添加物的含量及总含量，不得将添加物含量与主要养分相加。产品标准中规定需要限制并标明的物质或元素等要单独标明。

（5）生产许可编号　对国家实施生产许可管理的产品，应标明生产许可证的编号。

（6）生产者或经销者的名称、地址　应标明经依法登记注册并能承担产品质量责任的生产者或经销者名称、地址。

（7）生产日期或批号　应在产品合格证、质量证明书或产品外包装

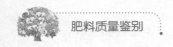

上标明肥料产品的生产日期或批号。

（8）肥料标准　应标明肥料产品所执行的标准编号。有国家或行业标准的肥料产品，若标明标准中未有规定的其他元素或添加物，应制定企业标准，该企业标准应包括所添加元素或添加物的分析方法，并应同时标明国家标准（或行业标准）和企业标准。

（9）警示说明　运输、贮存、使用过程中不当，易造成财产损坏或危害人体健康和安全的，应有警示说明。

（10）其他　法律、法规和规章另有要求的，应符合其规定。生产企业认为必要的，符合国家法律、法规要求的其他标识。

7. 标签

（1）粘贴标签及其他相应标签　如果容器的尺寸及形状允许，标签的标识区最小应为120毫米×70毫米，最小文字高度至少为3毫米，其余应符合该标准"（+）标识印刷"的规定。

（2）系挂标签　系挂标签的标识区最小应为120毫米×70毫米，最小文字高度至少为3毫米，其余应符合该标准"（+）标识印刷"的规定。

8. 质量说明书或合格证

应符合 GB/T 14436 的规定。

9. 标识印刷

（1）装入大于25千克（或25升）肥料的容器

1）标识区位置及区面积。一块矩形区间，其总面积至少为所选用面的40%，该选用面应为容器的主要面之一，标识内容应打印在该面积内。区间的各边应与容器的各边相平行。区内所有标识，均应水平方向按汉字顺序印刷，不得垂直或斜向印刷标识内容。

2）主要项目标识尺寸。根据打印标识区的面积应采用3种标识尺寸，以使标识标注内容能清楚地布置排列，这3种尺寸应为X/Y/Z比例，它仅能在表3-3所示的范围内变化，最小字体的高度至少应为10毫米。

表3-3　3种标识尺寸比例

最小字体尺寸/毫米	尺寸比例	
	小（X）/中（Y）/大（Z）	
	最小比例	最大比例
≤20	1/2/4	1/3/9
>20	1/1.5/3	1/2.5/7

3）标识区内主要项目和文字尺寸。标识标注内容应用印刷文字，标识项目的尺寸应符合表 3-4 中的要求。

表 3-4 标识区内主要项目和文字尺寸

序号	标识标注主要内容		文 字	
		小（X）	中（Y）	大（Z）
1	肥料名称及商标		●	●
2	规格、等级及类别		●	●
3 组成	作为主要标识内容的养分或总养分		●	●
	配合式（单养分标明值）	●	●	
	产品标准规定应单独标明的项目，如氯含量、枸溶性磷等	●	●	
	作为附加标识内容的元素、养分或其他添加物	●		
4	产品标准编号	●	●	
5	生产许可证号（适用于实施生产许可证管理的肥料）	●	●	
6	净含量		●	●
7	生产或经销单位名称	●	●	
8	生产或经销单位地址	●	●	
9	其他	●	●	

注：进口肥料可不标注表中第 4、5 项，但应标明原产国或地区。

（2）装 525 千克（或 525 升）肥料的容器 最小文字高度至少为 5 毫米，其余规定与"装大于 25 千克肥料的容器"要求相同。

（3）装 5 千克（或 5 升）以下肥料的容器 如果容器尺寸及形状允许，标识区最小尺寸应为 120 毫米×70 毫米，最小文字高度至少为 3 毫米，其余规定与"装大于 25 千克肥料的容器"要求相同。

◢温馨提示

化肥袋上的"骗术"

骗术一：炒作新概念。包装中常见的带有误导性质的词汇，因为农民朋友更愿意使用新型高科技肥料产品，于是不少厂家利用这种心

理炒作概念。除了"引进……国家技术""国内领先"等广告语外，在肥料的先进性、肥料的效果方面的误导成分普遍存在，尤其是新型肥料。如在肥料包装袋上标明进口纳米磁性剂、激活素、光能素等专业名词，令农民朋友眼花缭乱。还有不法企业两个年度生产同一个产品，却不停变换生产厂家名称和地址，以便躲避消费者质疑，也让执法部门找不到责任人。

骗术二：任意夸大产品作用。由于我国在专用肥及功能型肥料方面没有设立专门的规章制度，一些不法厂家抓住这一漏洞，在包装袋上面冠以欺骗性名称，如全元素、多功能、全营养等，一种肥料成了包治百病的灵丹妙药。还有各类专用肥料，实际配方并没有过多调整，但在包装上印有"香蕉专用""苹果专用"等字样，价格却要翻几番。

骗术三：刻意夸大总养分含量。一些厂家在复混肥或尿素商品包装上，将次量元素钙、镁、硫或有机质等成分违规加入肥料总养分含量计量中。《复混肥料（复合肥料）》国家标准中早已明确规定，总养分指总氮、有效五氧化二磷和氧化钾3种大量元素含量之和，而有些企业以中、微量元素和有机钾等成分含量与氮、磷、钾三要素合并计算，将产品含量虚假标高。诸如"45% NPKCaMgS"或"N15K15CaMgSBCnZnFeMn15"的养分标识。厂家向外宣传这是"3个15"的肥料，是典型误导消费者的行为。这种肥料其实只有30%的养分。

骗术四：打出"权威机构"认证的幌子。一些厂家利用农民朋友相信政府、崇信权威机构的心理，或无中生有伪造权威机构证明，或在权威机构不知情的情况下"自我认定"。在一些劣质产品包装上标注"国家×部推荐产品""某某质检所认可产品"等。更有甚者，一些小企业与当地农业部门合作定点生产配方肥，在包装上不依照要求标识，甚至连成分都不标明，只标注"机构推荐使用"。

骗术五：臆造名称混淆概念。三元复合肥和二元复合肥在实质上有很大差异，一些厂家却用二元复合肥冒充三元复合肥。如有些二元复合肥在包装上标明"氮15、磷15、铜锌铁锰等15"，或"N-PK-Cl 15-15-15"，给人是三元复合肥的感觉，还有企业打出磷酸三铵、三铵等产品名称，其实就是三元复合肥。

骗术六："洋字码"忽悠农民朋友。不少农民朋友认为进口肥料质量更好，于是一些厂家就将产品包装打上"洋名"冒充进口产品，包括：模仿进口化肥商标或取相似名称；盗用国外生产商名义或标注"进口许可证"等；采用先注册或虚拟境外空壳公司，然后以空壳公司名义委托企业生产；假标国外技术产品，谎称进口原材料；假冒名牌等现象。

三、水溶肥料产品标签要求的解读

1. 适用范围

　　该要求适用于我国境内登记和销售的肥料（包括水溶肥料）（图3-3）和土壤调理剂，不适用于复混肥料、有机肥料和微生物肥料。

图3-3　水溶肥料标签

2. 标签必须标明的项目

（1）肥料登记证号　按肥料登记证。

（2）通用名称　按肥料登记证。

（3）执行标准号　国家/行业标准或经登记备案的企业标准号。

（4）剂型　按肥料登记证。

（5）技术指标　大量元素以"$N + P_2O_5 + K_2O$"的最低标明值形式标明，同时还应标明单一大量元素的标明值，氮、磷、钾应分别以总氮（N）、磷（P_2O_5）、钾（K_2O）的形式标明。中量营养元素以"$Ca + Mg$"的最低标明值形式标明，同时还应标明单一钙（Ca）和镁（Mg）的标明值。微量营养元素以"Cu + Fe + Mn + Zn + B + Mo"的最低标明值形式标明，同时还应标明单一微量元素的标明值，铜、铁、锰、锌、硼、钼分别以铜（Cu）、铁（Fe）、锰（Mn）、锌（Zn）、硼（B）、钼（Mo）的形式标明。有机营养成分按肥料登记证以有机质、氨基酸、腐殖酸等最低标明值形式标明。硫（S）、氯（Cl）按肥料登记执行。

（6）限量指标　标明汞（Hg）、砷（As）、镉（Cd）、铅（Pb）、铬（Cr）、水不溶物和（或）水分（H_2O）等最高标明值。

（7）使用说明　包括使用时间、使用量、使用方法及与其他制剂混用的条件和要求。

（8）注意事项　不宜使用的作物生长期，作物敏感的光热条件，对人畜存在的危害及防护、急救措施等。

（9）净含量　固体产品以克（g）、千克（kg）表示，液体产品以毫升（mL）、升（L）表示，其余按《定量包装商品计量监督管理办法》规定执行。

（10）贮存和运输要求　对环境条件如光照、温度、湿度等有特殊要求的产品，应给予标明；对于具有酸、碱等腐蚀性及易碎、易潮、不宜倒置或其他特殊要求的产品，应标明警示标识和说明。

（11）企业名称　生产企业的名称，与肥料登记证一致。境外产品还应标明境内代理机构的名称。

（12）生产地址　登记产品生产企业所在地的地址。若企业具有2个或2个以上生产厂点，标签上应只标明实际生产所在地的地址。境外产品还应标明境内代理机构的地址。

（13）联系方式　包含企业联系电话、传真等。境外产品还应标明境内代理机构的联系电话、传真等。

3. 标签其他项目

（1）商品名称　按肥料登记证。不应使用数字、序列号、外文（境外产品标签需标明生产国文字作为商品名称的，以括弧的形式表述在中文商品名称之后），不应误导消费者。

（2）商标　在我国境内正式注册，注册范围应包含肥料和（或）土壤调理剂。

（3）产品说明　包含对产品原料和生产工艺的说明，不应进行夸大、虚假宣传。

（4）适宜范围　适宜的作物和（或）适宜土壤（区域），应符合肥料登记要求。

（5）限用范围　不适宜的作物和（或）不适宜土壤（区域），应符合肥料登记要求。

（6）生产日期及批号　按实际情况标明。

（7）有效期　含有机营养成分的产品应标明有效期，其他产品根据其特点酌情标明有效期。有效期应以月为单位，自生产日期开始计。

4. 注意事项

1）肥料登记标签应符合《肥料登记管理办法》的要求。

2）标签图示应按 GB 190 和 GB 191 的规定执行。

3）标签文字应使用汉字，并符合汉字书写规范。允许同时使用汉语拼音、少数民族文字或外文，但字体应不大于汉字。

4）一个肥料登记证允许有一个或多个产品标签，允许在单一养分含量、适宜范围、使用说明和包装规格等方面存在差异。标签内容完全相同的，应使用一个标签。

5）标签应牢固粘贴或直接印刷在包装容器上。最小包装中进行分量包装的，分量包装容器上应标明肥料登记证号、通用名称和净含量。

6）标签计量单位应使用中华人民共和国法定计量单位。其余按 GB 18382 的规定执行。

四、农用微生物产品标识要求的解读

原农业部于 2005 年 1 月 5 日发布了《农用微生物产品标识要求》（NY 885—2004）部颁标准，自 2005 年 2 月 1 日起实行。

1. 范围

该标准规定了农用微生物产品标识的基本原则、一般要求及标注内容等。该标准适用于中华人民共和国境内生产、销售的农用微生物产品（图 3-4）。

2. 定义

该标准采用下列定义。

（1）农用微生物产品　农用微生物产品是指在农业上应用的含有目标微生物的一类活体制品。其主要指标是制品中的目标微生物的活菌含量，且表现出其特定的功效。农用微生物产品包括微生物菌剂和微生物肥料两大类。微生物菌剂按产品中特定的微生物或作用机制又分为若干个

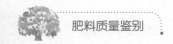

种类，如根瘤菌菌剂、固氮菌菌剂、解磷类微生物菌剂、硅酸盐微生物菌剂、光合细菌菌剂、有机物料腐熟剂、促生菌剂、菌根菌剂、土壤生物修复剂等。微生物肥料类产品分为复合生物肥和生物有机肥。

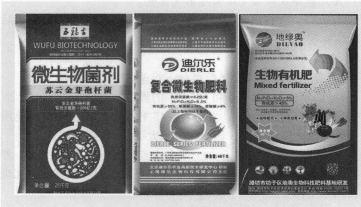

图 3-4　微生物肥料标签

（2）标识　用于识别农用微生物产品及其质量、数量、特征和使用方法所做的各种表示的统称。标识可以用文字、符号、图案及其他说明物表示。

（3）标签　用以表示产品其主要性能及使用方法等而附以必要的纸片、塑料片或者包装袋等容器的印刷部分。

（4）容器　直接与产品相接触并可按其单位量运输或贮存的密闭贮器（如袋、瓶、桶等）。

（5）总养分　总氮（N）、有效五氧化二磷（P_2O_5）和氧化钾（K_2O）含量之和，以质量百分数计。

（6）标明量　在产品销售包装、产品标签或质量证明书中说明的有效成分含量。

3. 基本原则

1）标识标注的所有内容，必须符合国家法律、法规和规章的规定，并符合相应产品标准的规定。

2）标识标注的所有内容，必须科学、真实、准确、通俗易懂。

3）标识标注的所有内容，不得以错误的、易引起误解的或欺骗性的方式描述或介绍农用微生物产品。

4）标识标注的所有内容，不得以直接或间接暗示性的文字、图形、符号导致用户或消费者将农用微生物产品或产品的某一性质与另一农用微生物产品混淆。

5）未经国家授权的认证、评奖等内容不得标注。

4. 一般要求

产品标识应当清晰、牢固，易于识别。标注的所有内容应清楚并持久地印刷在统一的并形成反差的基底上，除产品使用说明外，产品标识应当标注在产品的销售包装上。若产品销售包装的最大表面的面积小于 10 厘米^2，在产品销售包装上可以仅标注产品名称、生产者名称、生产日期和保质期，其他标识内容可以标注在产品的其他说明物上。

（1）文字　标识中的文字应使用规范汉字，可以同时使用少数民族文字、汉语拼音及外文（养分名称可以用化学元素符号或分子式表示），汉语拼音和外文字体不大于相应汉字和少数民族文字。应使用国家法定计量单位。

（2）图示　应符合 GB 191 的规定。

1）图示标志由图形符号、名称及外框线组成，共 17 种，见表 3-5。

2）标志外框为长方形，其中图形符号外框为正方形，尺寸一般分为 4 种，见表 3-6。如果包装尺寸过大或过小，可等比例放大或缩小。

3）标志颜色一般为黑色。如果包装的颜色使得标志显得不清晰，则应在印刷面上用适当的对比色，黑色标志最好以白色作为标志的底色。必要时，标志也可使用其他颜色，除非另有规定，一般应避免采用红色、橙色或黄色，以避免同危险品标志相混淆。

4）标志的使用可采用直接印刷、粘贴、拴挂、钉附及喷涂等方法。印制标志时，外框线及标志名称都要印上，出口货物可省略中文标志名称和外框线；喷涂时，处框线及标志名称可以省略。

（3）颜色　使用的颜色应醒目、突出，易引起用户特别注意并能迅速识别。

（4）耐性和可用性　产品标识应保证在产品保质期内的耐久性和可用性，且标注内容保持清晰可见。

（5）标识的形式　分为外包装、合格证、质量证明书、说明书及标签等。

（6）标识印刷　应符合 GB 18382 的规定。

表 3-5 标志名称和图形

序号	标志名称	图形符号	标 志	含 义	说明及示例
1	易碎物品		易碎物品	运输包装件内装易碎品，因此搬运时应小心轻放	应标在包装件所有的端面和侧面的左上角处
2	禁用手钩		禁用手钩	搬运、运输包装件时禁用手钩	应标在与标志1 相同的位置；当标志1 和标志3 同时使用时，标志3 应更接近包装箱角
3	向上		向上	表明运输包装件的正确位置是垂直向上	
4	怕晒		怕晒	表明运输包装件不能直接照晒	
5	怕辐射		怕辐射	包装物品一旦受辐射便会完全变质或损坏	
6	怕雨		怕雨	包装件怕雨淋	

（续）

序号	标志名称	图形符号	标 志	含 义	说明及示例
7	重心		重心	表明一个单元货物的重心	应尽可能标在包装件所有 6 个面的重心位置上，否则至少也应标在包装件 2 个侧面和 2 个端面上 该标志应标在实际的重心位置上
8	禁止翻滚		禁止翻滚	不能翻滚运输包装	
9	此面禁用手推车		此面禁用手推车	搬运货物时此面禁用手推车	
10	禁用叉车		禁用叉车	不能用升降叉车搬动包装件	
11	由此夹起		由此夹起	表明装运货物时夹钳放置的位置	只能用于可夹持的包装件上，标注位置应为可夹持位置的两个相对面上，以确保作业时标志在作业人员的视线范围内

（续）

序号	标志名称	图形符号	标　志	含　义	说明及示例
12	此处不能卡夹		此处不能卡夹	表明装卸货物时此处不能用夹钳夹持	
13	堆码质量极限	kg	kg 堆码质量极限	表明该运输包装件所能承受的最大质量极限	
14	堆码层数极限	N	N 堆码层数极限	相同包装的最大堆码层数，N表示层数极限	
15	禁止堆码		禁止堆码	该包装件不能堆码，并且其上也不能放置其他负载	
16	由此吊起		由此吊起	起吊货物时挂链条的位置	至少应标注在包装件的2个相对面上　该标志应标在实际的起吊位置上
17	温度极限		温度极限	表明运输包装件应该保持的温度极限	

表3-6　图形符号及标志外框尺寸　　（单位：毫米）

序　　号	图形符号外框尺寸	标志外框尺寸
1	50×50	50×70
2	100×100	100×140
3	150×150	150×210
4	200×200	200×280

5. 必须标注内容

（1）**产品名称**　产品应标明国家标准、行业标准已规定的产品名称。国家标准、行业标准对产品名称没有统一规定的，应使用不会引起用户、消费者误解和混淆的通用名称。如标注"奇特名称""商标名称"时，应当在同一部位明显标注"产品名称"或"通用名称"中的一个名称。产品名称中不允许添加带有不实及夸大性质的词语。

（2）**主要技术指标**　应标注产品登记证中的主要技术指标。

1）有效功能菌种及其总量。应标注有效功能菌的种名及有效活菌总量，单位应为亿/克（毫升）或亿/g（mL）。

2）总养分。标注按 GB 15063 中方法测得的总养分含量，标注为总养分（$N + P_2O_5 + K_2O$）≥多少百分含量，或标注实测总养分含量，或分别标明总氮（N）、有效五氧化二磷（P_2O_5）和氧化钾（K_2O）各单一养分含量。

3）有机质。标注按 NY 525 中方法测得的有机质含量，标注为有机质≥多少百分含量，或标注实测总养分含量。

（3）**产品适用范围**　根据产品的特性标注产品适用的作物和区域。

（4）**载体**（原料）　标注主要载体（原料）的名称。

（5）**产品登记证编号**　标明有效的产品登记证号。

（6）**产品标准**　标明产品所执行的标准编号。

（7）**生产者或经销者的名称、地址**　应标明经依法登记注册并能承担产品质量责任的生产者或经销者的名称、地址、邮政编码和联系电话。进口产品可以不标生产者的名称、地址，但应当标明该产品的原产地（国家/地区），以及代理商或者进口商或者销售商在中国依法登记注册的名称和地址。微生物肥料有下列情形之一的，按照下列规定相应地予以标注。

1）依法独立承担法律责任的集团公司或者其子公司，对其生产的产品，应当标注各自的名称、地址。

2）依法不能独立承担法律责任的集团公司的分公司或者集团公司的生产基地，对其生产的产品，可以标注集团公司和分公司或生产基地的名称、地址，也可以仅标注集团公司的名称、地址。但名称和地址必须与产品登记申报时备案在册的资料相符，不得随意改变。

3）在中国设立办事机构的外国企业，其生产的产品可以标注该办事机构在中国依法登记注册的名称和地址。

4）按照合同或者协议的约定互相协作，但又各自独立经营的企业，在其生产的产品上，应当标注各自的生产者名称、地址。

5）受委托的企业为委托人加工产品，在该产品上应标注委托人的名称和地址。

（8）**产品功效（作用）及使用说明** 标注产品主要功效或作用，不得使用虚夸语言；使用说明应标注于销售包装上或以标签、说明书等形式附在销售包装内或外，标注内容在保质期内应保持清晰可见。产品使用过程中有特殊要求及注意事项等，必须予以标注。

（9）**产品质量检验合格证明** 应附有产品质量检验合格证明，证明的标注方式可采用合格证书标注，也可使用合格标签，或者在产品的销售包装上或者产品说明书上使用合格印章或者打上"合格"二字。

（10）**净含量** 标明产品在每一个包装物中的净含量，并使用国家法定计量单位。净含量标注的误差范围不得超过 ±5%。

（11）**贮存条件和贮存方法** 明确标注产品贮存条件和贮存方法。

（12）**生产日期或生产批号** 产品的生产日期应印制在产品的销售包装上。生产日期按年、月、日顺序标注，可采用国际通用表示方法，如 2003-03-01，表示 2003 年 3 月 1 日；或标注生产批号，如 20030301/030301。

（13）**保质期** 用"保质期×个月（或若干天、年）"表示。

（14）**警示标志、警示说明** 使用不当，容易造成产品本身损坏或者可能危及人身、财产安全的产品，应有警示标志或者中文警示说明。

6. 推荐标注内容

以下内容生产者可以不标注，如果标注，那么所标注的内容必须是真实、有效的。

1）若产品中加入其他添加物，可予以标明。

2）企业可以标注经注册登记的商标。

3）获得质量认证的产品，可以在认证有效期内标注认证标志。

4）获得国家认可的名优称号或者名优标志的产品，可以标注名优称号或者名优标志，同时必须明确标明获得时间和有效期间。

5）可标注有效的产品条码。

6）若产品质量经保险公司承保，也可予以标注。

 ## 第二节　肥料的登记与管理

一、肥料的登记范围和分类

1. 肥料登记范围

（1）**免于登记产品**　对经农田长期使用，有国家或行业标准的下列产品免于登记：硫酸铵、尿素、硝酸铵、氰氨化钙、磷酸铵（磷酸一铵、磷酸二铵）、硝酸磷肥、过磷酸钙、氯化钾、硫酸钾、硝酸钾、氯化铵、碳酸氢铵、钙镁磷肥、磷酸二氢钾、单一微量元素肥、高浓度复合肥。

（2）**省（自治区、直辖市）登记产品**　复混肥、配方肥（不含叶面肥）、精制有机肥、床土调酸剂。这些登记肥料产品只能在登记所在省（自治区、直辖市）销售使用。若要在其他省区销售使用的，须由生产者、销售者向销售使用地省级农业行政主管部门备案。

（3）**农业农村部登记产品**　除免于登记和省（自治区、直辖市）登记产品以外的肥料产品。

2. 农业农村部登记肥料产品分类

（1）**按登记类型分类**　根据《肥料登记管理办法》，农业农村部肥料登记分以下 3 种类型。

1）登记。经田间试验、试销可以作为正式商品流通的肥料产品，生产者应当申请式登记。

2）续展登记。肥料登记证有效期满，需要继续生产、销售该产品的，应当在有效期满 2 个月前提出续展登记申请，符合条件的经农业农村部批准续展登记。

3）变更登记。经登记的肥料产品，在登记有效期内改变使用范围、商品名称、企业名称的，应申请变更登记。

（2）**按生产区域分类**　主要根据生产企业所在地点的不同进行分类。

1）境内产品。肥料产品的生产企业在中国境内，其生产的肥料产品视为境内产品，包括"三资"企业的产品。

2）国外及港澳台地区产品。肥料产品的生产企业设在国外和中华人

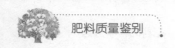

民共和国香港特别行政区、澳门特别行政区及台湾省，仅在中国境内销售使用的产品。

（3）按农业农村部登记审查过程分类

1）直接审批产品。农业农村部对符合下列条件的产品直接审批、发放肥料登记证：有国家或行业标准，经检验质量合格的产品；经肥料登记评审委员会建议并由农业农村部认定的产品类型，申请登记资料齐全，经检验质量合格的产品。续展登记、变更登记产品也属于直接审批范围。

2）需经农业农村部肥料登记评审委员会评审产品。农业农村部肥料登记评审委员会对除直接审批以外的肥料产品进行评审。这些产品只有经过评审，并获得通过，才准予发放登记证。

二、肥料登记机构

按照《肥料登记管理办法》和《肥料登记资料要求》，国家对肥料登记工作实行分级管理。不同部门和机构，其管理权限、范围、内容、职责及分工有所区别。

1. 农业农村部

1）农业农村部负责全国肥料登记和监督管理工作。

2）农业农村部种植业管理司（农业农村部肥政药政管理办公室）负责全国肥料的登记审批、登记发证和公告工作。

3）自 2015 年 9 月 6 日起，肥料登记行政审批进入农业农村部行政审批综合办公大厅办公，实施网上申请和纸质材料申请并行。

2. 省（自治区、直辖市）人民政府农业行政主管部门

1）协助农业农村部做好本行政区域内的肥料登记工作，对申请农业农业部登记的肥料产品进行初审。

2）负责本行政区域内的复混肥、配方肥（不含叶面肥）、精制有机肥、床土调酸剂的登记审批，以及登记发证和公告工作。

3）省（自治区、直辖市）人民政府农业行政主管部门可委托所属土肥机构承担本行政区域的具体肥料登记工作。

3. 县级以上地方人民政府主管部门

负责本行政区域的肥料监督管理工作。

4. 田间肥效试验单位

根据 2015 年 9 月 2 日《农业部办公厅关于肥料登记行政审批有关事项的通知》规定：肥料田间试验报告，申请企业可按要求自行开展肥料田间试验，也可委托有关机构开展。

三、肥料登记程序

肥料登记程序，因申请登记的肥料类型不同而有所区别，主要体现在试验、检测、初审、受理机构及审批环节。在登记过程中，有些程序需要申请者来完成，有些程序由试验、检测、受理机构和管理部门来完成。

1. 登记产品

境内产品要办理肥料企业法定手续，建设和装备生产工厂、生产试验产品、安排产品田间试验。肥料田间试验的设置必须符合《登记肥料肥效试验技术规程（暂行）》要求，国外及港澳台地区产品只安排田间试验。

生产企业在申请正式登记前，必须满足4个条件：一是产品使用效果好，出具产品使用情况说明（该产品在获证后的使用情况，包括施用作物、应用效果和主要推广地区等）；二是产品试销过程中无市场不规范行为；三是产品销量稳定，企业发展良好；四是抽检样品符合质量标准要求，产品质量检验报告由省级以上经计量认证的具备肥料承检能力的检验机构出具。

（1）资料准备　需提供以下资料（境外申请人提交外文资料的，应同时翻译成中文）。

1）农业农村部肥料登记申请书或农业农村部微生物肥料登记申请书。

2）生产者基本概况，如企业法人营业执照复印件（加盖企业确认章）、生产企业基本情况资料、产品及生产工艺概述资料、技术负责人简历及联系方式、国外及港澳台地区产品补充在其他国家（地区）新登记使用情况。

3）产品执行标准，应符合《肥料登记资料要求》的规定。

4）产品质量检验报告，由省级以上经计量认证的具备肥料承检能力的检验机构出具。

5）年度产品质量检验报告复印件，应是不同批次的产品。

6）产品标签，应符合《肥料登记管理办法》《肥料登记资料要求》的规定。

7）产品使用情况说明，即该产品在获证后的使用情况，包括施用作物、应用效果和主要推广地区等。

8）委托检验协议原件，指企业委托检验机构对该产品进行检验所签订的协议（有自检能力的除外，已提交过的且在有效期内的不必重复提交）。

（2）申请肥料登记　根据原农业部公告第2291号规定：自2015年9

月1日起，启动肥料登记行政许可项目网上申报工作。申请人可登录"农业农村部行政审批综合办公系统"（网址：http：//xzsp. moa. gov. cn）进行注册。注册成功后凭登录名称和密码进入拟申请事项操作系统，按照《肥料登记审批标准》（原农业部公告第2287号）的有关要求在线填写申请表，上传有关附件，并在线打印申请表。自2015年9月6日起，实施网上申请和纸质材料申请并行，二者都符合要求的，农业农村部行政审批办公大厅方予以受理。

（3）受理肥料登记　农业农村部行政审批办公大厅肥料窗口审查申请人递交的农业农村部肥料登记申请书或农业农村部微生物肥料登记申请书及其相关资料，申请资料齐全的予以受理。

（4）肥料登记产品评审　农业农村部肥料登记评审委员会秘书处根据有关规定对申请资料进行技术审查。农业农村部肥料登记审评委员会对申请资料进行技术评审。

（5）肥料登记产品审批　农业农村部种植业管理司根据有关规定及评审意见提出审批方案，报经种植业管理司司长（受部长委托）审批后办理批件。

（6）肥料登记产品公告　农业农村部对已获得肥料登记证的产品，通过网络、书刊、报纸进行公告。

自2018年9月1日后，采用新版肥料登记证，其格式如图3-5、图3-6所示。

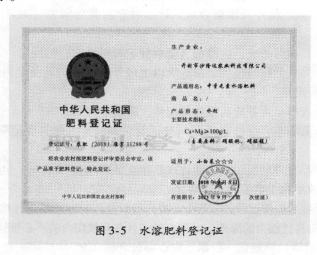

图3-5　水溶肥料登记证

图 3-6　微生物肥料登记证

2. 续展登记产品

（1）续展登记资料　肥料登记证有效期为 5 年。登记证有效期满 6 个月前，申请人应提供以下资料（境外申请人提交外文资料的，应同时翻译成中文）。

1）农业农村部肥料登记续展申请书或农业农村部微生物肥料登记续展申请书。

2）该产品在有效期内的使用情况，如使用面积、施用作物、应用效果和主要推广地区等。

3）产品质量检验报告，由省级以上经计量认证的具备肥料承检能力的检验机构出具。

4）年度产品质量检验报告复印件，应是不同批次的产品。

5）委托检验协议原件，指企业委托检验机构对该产品进行检验所签订的协议（有自检能力的除外，已提交过的且在有效期内的不必重复提交）。

6）国内产品提交生产者所在省级农业行政主管部门意见。

（2）续展登记办理程序　农业农村部行政审批办公大厅肥料窗口审查申请人递交的续展申请书及其相关资料，申请资料齐全的予以受理。农业农村部肥料登记评审委员会秘书处根据国家有关规定对申请资料进行技术审查。农业农村部种植业管理司根据国家有关规定及技术审查意见提出审批方案，报经种植业管理司司长（受部长委托）审批后办理批件。

3. 变更登记产品

经登记的肥料产品，在登记证有效期内改变使用范围、商品名称、企

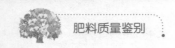

业名称的，应申请变更登记；改变成分、剂型的，应重新申请登记。

（1）资料准备　申请使用范围变更、商品名称变更、企业名称变更的，需提供以下资料（境外申请人提交外文资料的，应同时翻译成中文）。

1）农业农村部肥料变更登记申请书或农业农村部微生物肥料变更登记申请书。

2）使用范围变更的，申请人还应提交原登记证复印件、田间试验报告、产品标签样式（包括标识、使用说明书）；境外产品在其他国家（地区）相应的登记使用情况证明资料。

3）商品名称变更的，申请人还应提交原登记证复印件。

4）企业名称变更的，境内申请人还应提交原登记证复印件、新的企业法人营业执照复印件等其他与企业名称变更相关的文件资料；境外申请人还应提交新的生产、销售的证明文件，以及新的境外企业委托代理协议，代理机构营业执照复印件或境外企业常驻代表机构登记证有变化的，也应同时提交。

（2）办理程序　农业农村部行政审批办公大厅肥料窗口审查农业农村部肥料变更登记申请书或农业农村部微生物肥料变更登记申请书及相关资料，申请资料齐全的予以受理。农业农村部肥料登记评审委员会秘书处根据国家有关规定对申请资料进行技术审查。农业农村部种植业管理司根据国家有关规定及技术审查意见提出审批方案，报经种植业管理司司长（受部长委托）审批后办理批件。

4. 同一企业不同产品的登记

申请者应按产品分类提供补充登记资料，主要分为以下两种情况。

1）对属于同一类型有效养分含量不同的产品，除了"生产者基本资料"和"毒性报告"只需提供一份外，其他按登记资料的要求分别提交各个产品的详细资料。

2）对不同类型的产品，除"生产者基本资料"只需提供一份外，其他按登记资料要求分别提交各个产品的详细资料。

第三节　肥料的标准

一、化学肥料标准

1. 单质化学肥料

目前，生产上施用的单质化学肥料产品基本上都有国家标准或行业标准，其标准号、技术指标可参考表 3-7。详细标准内容可根据标准号通过

表 3-7 常见单质化学肥料产品的主要技术指标

肥料名称	标准号	指标名称		技术指标（质量分数，%）		
				优等品	一等品	合格品
碳酸氢铵	GB 3559—2001	N	≥	17.2	17.1	16.8
氯化铵	GB/T 2946—2008	N	≥	25.4	25.0	25.0
硫酸铵	GB 535—1995	N	≥	21.0	21.0	20.5
尿素	GB/T 2440—2017	N	≥	46.4	46.2	46.0
		缩二脲	≤	0.9	1.0	1.5
结晶状硝酸铵	GB/T 2945—2017	N	≥	34.6	34.6	34.6
颗粒状硝酸铵	GB/T 2945—2017	N	≥	34.4	34.0	34.0
多孔粒状硝酸铵	GB/T 3280—2011	硝酸铵	≥		99.5	
过磷酸钙	GB/T 20413—2017	P_2O_5	≥	18.0	16.0	12.0
粉状重过磷酸钙	GB 21634—2008	P_2O_5	≥	44.0	42.0	40.0
粒状重过磷酸钙	GB 21634—2008	P_2O_5	≥	46.0	44.0	42.0
钙镁磷肥	GB 20412—2006	P_2O_5	≥		15.0	13.0
氯化钾	GB 6549—2011	K_2O	≥	60.0	57.0	54.0
水盐体系工艺粉末结晶状硫酸钾	GB/T 20406—2017	K_2O	≥	51.0	50.0	45.0
水盐体系工艺颗粒状硫酸钾	GB/T 20406—2017	K_2O	≥	51.0	50.0	40.0
非水盐体系工艺粉末结晶状硫酸钾	GB/T 20406—2017	K_2O	≥	51.0	50.0	45.0
非水盐体系工艺颗粒状硫酸钾	GB/T 20406—2017	K_2O	≥	50.0	50.0	40.0

（续）

肥料名称	标准号	指标名称		技术指标（质量分数，%）		
				优等品	一等品	合格品
粒状磷酸一铵（传统法）	GB 10205—2009	总养分	≥	64.0	60.0	56.0
		P_2O_5	≥	51.0	48.0	45.0
		N	≥	11.0	10.0	9.0
		水溶性磷	≥	87.0	80.0	75.0
粒状磷酸二铵（传统法）	GB 10205—2009	总养分	≥	64.0	57.0	53.0
		P_2O_5	≥	45.0	41.0	38.0
		N	≥	17.0	14.0	13.0
		水溶性磷	≥	87.0	80.0	75.0
粒状磷酸一铵（料浆法）	GB 10205—2009	总养分	≥	58.0	55.0	52.0
		P_2O_5	≥	46.0	43.0	41.0
		N	≥	10.0	10.0	9.0
		水溶性磷	≥	80.0	75.0	70.0
粒状磷酸二铵（料浆法）	GB 10205—2009	总养分	≥	60.0	57.0	53.0
		P_2O_5	≥	43.0	41.0	38.0
		N	≥	15.0	14.0	13.0
		水溶性磷	≥	80.0	75.0	70.0
粉状磷酸一铵（传统法）	GB 10205—2009	总养分	≥	58.0	55.0	
		P_2O_5	≥	48.0	46.0	
		N	≥	8.0	7.0	
		水溶性磷	≥	80.0	75.0	

肥料	标准	指标			
粉状磷酸一铵（料浆法）	GB 10205—2009	总养分	≥	58.0	55.0	52.0
		P₂O₅	≥	46.0	43.0	41.0
		N	≥	10.0	10.0	9.0
硝酸磷肥	GB/T 10510—2007	水溶性磷	≥	80.0	75.0	70.0
		总养分	≥	40.5	37.0	35.0
		水溶性磷	≥	70.0	55.0	40.0
磷酸二氢钾	HG/T 2321—2016	KH₂PO₄	≥		96.0	92.0
		K₂O	≥		33.2	31.8
一水硫酸锌	HG 3277—2000	锌	≥	35.3	33.8	32.3
七水硫酸锌	HG 3277—2000	锌	≥	22.0	21.0	20.0
硼酸	GB 538—2006	硼酸	≥	99.6	99.4	99.0
硼砂	GB/T 537—2009	Na₂B₄O₇·10H₂O	≥	99.5	95.0	
硫酸亚铁	HG/T 2935—2006	FeSO₄·H₂O	≥			91.4
		FeSO₄·7H₂O	≥			98.0
农用硫酸铜	GB 437—2009	CuSO₄·5H₂O	≥			98.0
农用硫酸锰	NY/T 1111—2006	MnSO₄·H₂O	≥			30.0
		MnSO₄·7H₂O	≥			25.0

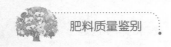

网络或书籍进行查询。

2. 复混肥料

我国国家化肥质量监督检验机构于 1987 年制定了复混肥料国家专业标准《复混肥料》（ZBG 21002—87），对复混肥料的养分含量、粒度、强度和水分含量等都有明确规定，1994 年修订并正式颁布国家标准 GB 15063—94，经多年执行后于 2009 年进一步修订（GB 15063—2009）。该标准对复混肥料产品提出的技术要求如下。

（1）外观　粒状、条状或片状产品，无机械杂质。

（2）复混肥料产品的技术指标　应符合表 3-8 的要求。

表 3-8　复混肥料产品的技术指标

项　　目		指　　标		
		高浓度	中浓度	低浓度
总养分（$N + P_2O_5 + K_2O$）的质量分数（%）		≥40.0	≥30.0	≥25.0
水溶性磷占有效磷百分率（%）		≥60.0	≥50.0	≥40.0
水分（H_2O）的质量分数（%）		≤2.0	≤2.5	≤5.0
粒度（1.00 ~ 4.75 毫米或 3.35 ~ 5.60 毫米）（%）		≥90.0	≥90.0	≥80.0
氯离子（Cl^-）的质量分数（%）	未标"含氯"的产品（%）	≤3.0		
	标识"含氯（低氯）"的产品（%）	≤15.0		
	标识"含氯（中氯）"的产品（%）	≤30.0		

注：1. 产品的单一养分含量不应小于 4.0%，且单一养分测定值与标明值负偏差的绝对值不应大于 1.5%。

2. 以钙镁磷肥等枸溶性磷肥为基础磷肥并在包装容器上注明为"枸溶性磷"，"水溶性磷占有效磷百分率"项目不做检验和判定。若为氮、钾二元肥料，"水溶性磷占有效磷百分率"项目不做检验和判定。

3. 特殊形状或更大颗粒（粉状除外）产品的粒度可由供需双方协议确定。

4. 氯离子的质量分数大于 30.0% 的产品，应在包装袋上标明"含氯（高氯）"，标识"含氯（高氯）"的产品氯离子和质量分数可不做检验和判定。

二、有机肥料标准

1. 商品有机肥料

原农业部于 2012 年修订了《农业标准商品有机肥料标准》（NY 525—2012），对商品有机肥料产品提出的技术要求如下。

（1）外观　褐色或灰褐色，粒状或粉状，均匀，无恶臭，无机械杂质。

（2）有机肥料产品的技术指标　应符合表 3-9 的要求。

表 3-9　有机肥料产品的技术指标

项　　目	指　　标
有机质的质量分数（以烘干基计）（%）	≥45.0
总养分（$N + P_2O_5 + K_2O$）的质量分数（以烘干基计）（%）	≥5.0
水分（解样）的质量分数（%）	≤30.0
pH	5.5~8.0

（3）有机肥料中的重金属等物质　应符合表 3-10 的要求。

表 3-10　有机肥料中的重金属限量指标

项　　目	限量指标
总砷（As）（以烘干基计）/（毫克/千克）	≤15.0
总汞（Hg）（以烘干基计）/（毫克/千克）	≤2.0
总铅（Pb）（以烘干基计）/（毫克/千克）	≤50.0
总镉（Cd）（以烘干基计）/（毫克/千克）	≤3.0
总铬（Cr）（以烘干基计）/（毫克/千克）	≤150.0

（4）蛔虫卵死亡率和粪大肠菌群数指标　应符合 NY 884 的要求。

2. 有机—无机复混肥料

原国家质量监督检验检疫总局和国家标准化管理委员会于 2009 年 4 月 7 日颁布了《有机—无机复混肥料标准》（GB 18877—2009），自 2012 年 5 月 1 日起实施。该标准对有机—无机复混肥料产品提出的技术要求如下。

（1）外观　颗粒状或条状产品，无机械杂质。

（2）有机—无机复混肥料产品的技术指标　应符合表 3-11 的要求，并应符合标明值。

表 3-11　有机—无机复混肥料产品的技术指标

项　目[①]	指　标		
	Ⅰ型	Ⅱ型	Ⅲ型
总养分（$N + P_2O_5 + K_2O$）的质量分数[②]（%）	≥15.0	≥25.0	≥30.0
水分（H_2O）的质量分数[③]（%）	≤12.0	≤12.0	≤8.0
有机质的质量分数（%）	≥20.0	≥15.0	≥8.0
总腐殖酸的质量分数[④]（%）	—	—	≥5
粒度（1.00 ~ 4.75 毫米或 3.35 ~ 5.60 毫米)[⑤]（%）	≥70.0		
pH	3.0 ~ 8.0		
蛔虫死亡值[⑥]（%）	≥95.0		
大肠菌值[⑥]	≥10^{-1}		
氯离子的质量分数[⑦]（%）	≤3.0		

① 砷、镉、铅、铬、汞及其化合物的质量分数的要求见国家标准规定的肥料中砷、镉、铅、铬、汞的生态指标。

② 标明的单一养分含量不得低于 3.0%，且单一养分测定值与标明值负偏差的绝对值不得大于 1.5%。

③ 水分以出厂检验数据为准。

④ 对于在包装容器上标明含腐殖酸的产品，需采用 GB 18877—2009 中 5.9 节规定的方法测定总腐殖酸的质量分数。

⑤ 指出厂检验结果。当用户对粒度有特殊要求时，可由供需双方协商解决。

⑥ 对于有机质来源仅为腐殖酸的有机—无机复混肥料可不测定蛔虫卵死亡率、大肠菌值。

⑦ 如产品氯离子含量大于 3.0%，并在包装容器上标明"含氯"，该项目可不做要求。

3. 生物有机肥

原农业部于 2012 年 6 月 6 日修订了《生物有机肥》（NY 884—2012），并从 2012 年 9 月 1 日起实施。该标准对生物有机肥产品提出的技术要求如下。

（1）菌种　使用的微生物菌种应安全、有效，有明确来源和种名。菌株安全性应符合 NY 1109—2006 的规定。

（2）外观（感官）　粉剂产品应松散、无恶臭味；颗粒产品应无明显机械杂质、大小均匀、无腐败味。

（3）生物有机肥产品的技术指标　应符合表 3-12 的要求，产品剂型包括粉剂和颗粒两种。

表 3-12　生物有机肥产品的技术指标

项　　目	技 术 指 标
有效活菌数（cfu）/（亿/克）	≥0.20
有机质（以干基计）（%）	≥40.0
水分（%）	≤30.0
pH	5.5～8.5
粪大肠菌群数/（个/克）	≤100.0
蛔虫卵死亡率（%）	≥95.0
有效期	≥6 个月

（4）生物有机肥产品的重金属要求　其中的 5 种重金属限量指标应符合表 3-13 的要求。

表 3-13　生物有机肥产品中 5 种重金属限量技术要求

项　　目	限 量 指 标
总砷（As）（以干基计）/（毫克/千克）	≤15
总镉（Cd）（以干基计）/（毫克/千克）	≤3
总铅（Pb）（以干基计）/（毫克/千克）	≤50
总铬（Cr）（以干基计）/（毫克/千克）	≤150
总汞（Hg）（以干基计）/（毫克/千克）	≤2

三、生物肥料标准

1. 微生物菌剂

原国家质量监督检验检疫总局和国家标准化管理委员会 2006 年 5 月 25 日颁布了《农用微生物菌剂》（GB 20287—2006），自 2006 年 9 月 1 日起实施。该标准对农用微生物菌剂产品提出的技术要求如下。

（1）产品分类　产品按剂型可分为液体、粉剂、颗粒型；按内含的微生物种类或功能特性可分为根瘤菌菌剂、固氮菌菌剂、解磷类微生物菌剂、硅酸盐微生物菌剂、光合细菌菌剂、有机物料腐熟剂、促生菌剂、菌根菌剂、生物修复菌剂等。

（2）菌种　生产用的微生物菌种应安全、有效。生产者应提供菌种的分类鉴定报告，包括属及种的学名、形态、生理生化特性及鉴定依据等完整资料。生产者应提供菌种安全性评价资料。采用生物工程菌，应具有允许大面积释放的生物安全性有关批文。

（3）产品外观（感观）　粉剂产品应分散；颗粒产品应无明显机械杂质、大小均匀、具有吸水性。

（4）技术指标　农用微生物菌剂产品的技术指标见表 3-14，其中有机物料腐熟剂产品的技术指标按表 3-15 执行，农用微生物菌剂产品的无害化指标见表 3-16。

表 3-14　农用微生物菌剂产品的技术指标

项　目	剂　型		
	液体	粉剂	颗粒
有效活菌数（cfu）[1]/[亿/克（毫升）]	≥2.0	≥2.0	≥1.0
霉菌杂菌数/[个/克（毫升）]	≤3.0×10^6	≤3.0×10^6	≤3.0×10^6
杂菌率（%）	≤10.0	≤20.0	≤30.0
水分（%）	—	≤35.0	≤20.0
细度（%）	—	≥80.0	≥80.0
pH	5.0~8.0	5.5~8.5	5.5~8.5
保质期[2]	≥3 个月		≥6 个月

①　复合菌剂，每一种有效菌的数量不得少于 0.01 亿/克（毫升）；以单一的胶质芽孢杆菌制成的粉剂产品中有效活菌数不少于 1.2 亿/克。

②　此项仅在监督部门或仲裁双方认为有必要时检测。

表 3-15　有机物料腐熟剂产品的技术指标

项　目	剂　型		
	液体	粉剂	颗粒
有效活菌数（cfu）/[亿/克（毫升）]	≥1.0	≥0.50	≥0.50
纤维素酶活[1]/[单位/克（毫升）]	≥30.0	≥30.0	≥30.0

（续）

项 目	剂 型		
	液体	粉剂	颗粒
蛋白酶活②/〔单位/克（毫升）〕	≥15.0	≥15.0	≥15.0
水分（%）	—	≤35.0	≤20.0
细度（%）	—	≥70.0	≥70.0
pH	5.0~8.5	5.5~8.5	5.5~8.5
保质期③	≥3 个月	≥6 个月	

① 以农作物秸秆类为腐熟对象测定纤维素酶活。

② 以畜禽粪便类为腐熟对象测定蛋白酶活。

③ 此项仅在监督部门或仲裁双方认为有必要时检测。

表3-16 农用微生物菌剂产品的无害化指标

项 目	标 准 极 限
粪大肠菌群数/〔个/克（毫升）〕	≤100
蛔虫卵死亡率（%）	≥95
砷及其化合物（以 As 计）/（毫克/千克）	≤75
镉及其化合物（以 Cd 计）/（毫克/千克）	≤10
铅及其化合物（以 Pb 计）/（毫克/千克）	≤100
铬及其化合物（以 Cr 计）/（毫克/千克）	≤150
汞及其化合物（以 Hg 计）/（毫克/千克）	≤5

2. 根瘤菌肥料

原农业部于 2000 年 12 月 22 日颁布了《根瘤菌肥料》（NY 410—2000），自 2001 年 4 月 1 日起实施，对根瘤菌肥料产品提出的技术要求如下。

（1）产品分类

1）按形态不同，根瘤菌肥料分为液体根瘤菌肥料和固体根瘤菌肥料。

2）按寄主种类的不同，根瘤菌肥料分为莱豆根瘤菌肥料、大豆根瘤菌肥料、花生根瘤菌肥料、三叶草根瘤菌肥料、豌豆根瘤菌肥料、苜蓿根瘤菌肥料、百脉根根瘤菌肥料、紫云英根瘤菌肥料和沙打旺根瘤菌肥料等。

（2）菌种

1）菌种的有效性。用于生产根瘤菌肥料的菌种系属于根瘤菌属、慢生根瘤菌属、固氮根瘤菌、中慢生根瘤菌等各属中不同的根瘤菌种，这些菌种必须是经过鉴定的菌株，或有 2 年多点田间试验获得显著增产的菌株。该菌种必须在菌肥生产前 1 年内经无氮营养液盆栽接种试验鉴定，结瘤固氮性能优良，接种植株干重比对照显著增加。

2）菌体特征特性。短杆状，无芽孢，革兰氏染色阴性。

3）菌落形态特征。圆形、边缘整齐、稍突起，在含有刚果红的甘露醇 —酵母培养基平板上呈乳白色或无色半透明。

（3）技术要求

1）液体根瘤菌肥料产品的技术指标，见表 3-17。

表 3-17　液体根瘤菌肥料产品的技术指标

项　　目	指　　标	备　　注
外观、气味	乳白色或灰白色均匀浑浊液体，或稍有沉淀，无酸臭气味	
根瘤菌活菌个数/（10^8/毫升）	≥5.0	
杂菌率（%）	≤5.0	
pH	6.0～7.2	用耐酸菌株生产的菌液，pH 可大于7.2
寄主结瘤最低稀释度	10^{-6}	此项仅在监督部门或仲裁检验双方认为有必要时才检测
有效期	≥3 个月	此项仅在监督部门或仲裁检验双方认为有必要时才检测

2）固体根瘤菌肥料产品的技术指标，见表 3-18。

表 3-18　固体根瘤菌肥料产品的技术指标

项　　目	指　　标	备　　注
外观、气味	粉末状、松散、湿润无霉块，无酸臭味，无霉味	
根瘤菌活菌个数/（10^8/毫升）	≥2.0	

（续）

项　　目	指　标	备　　注
水分（%）	25.0 ~ 50.0	
杂菌率（%）	≤10.0	
pH	6.0 ~ 7.2	
吸附剂颗粒细度	大粒种子（大豆、花生、豌豆等）用的菌肥，通过孔径0.18毫米标准筛的筛余物≤10%；小粒种子（三叶草、苜蓿、紫云英等）用的菌肥，通过孔径0.15毫米标准筛的筛余物≤10%	
寄主结瘤最低稀释度	10^{-6}	此项仅在监督部门或仲裁检验双方认为有必要时才检测
有效期	≥6 个月	此项仅在监督部门或仲裁检验双方认为有必要时才检测

3. 固氮菌肥料

原农业部于 2000 年 12 月 22 日颁布了《固氮菌肥料》（NY 411—2000），自 2001 年 4 月 1 日起实施，对固氮菌肥料产品提出的技术要求如下。

（1）产品分类

1）按形态不同，固氮菌肥料分为液体固氮菌肥料、固体固氮菌肥料和冻干固氮菌肥料。

2）按寄主种类的不同，固氮菌肥料分为自生固氮菌肥料、根际联合固氮菌肥料、复合固氮菌肥料。

（2）菌种　在含有一种有机碳源的无氮培养基中能固定分子氮，并有一定的固氮效能。菌体一般为短杆状（固氮螺菌属菌体呈螺旋状），革兰氏染色阴性。

1）自生固氮菌。用固氮菌属、氮单胞菌属的菌种，也可以用茎瘤根瘤菌和固氮芽孢杆菌菌株。

2）根际联合固氮菌。可用固氮螺旋菌、阴沟肠杆菌经鉴定为非致病菌的菌株、粪产碱菌经鉴定为非致病菌的菌株、肺炎克氏杆菌经鉴定为非致病菌的菌株。

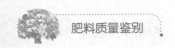

生产固氮菌微生物肥料所使用的菌种，必要时还要进行菌种染色鉴别和菌种固氮效能测定。

（3）固氮菌肥料产品的技术指标　见表 3-19。

表 3-19　固氮菌肥料产品的技术指标

项　　目	液　　体	固　　体	冻　　干
外观、气味	乳白色或浅褐色液体，浑浊，稍有沉淀，无异臭味	黑褐色或褐色粉末，湿润、松散，无异臭味	乳白色结晶，无味
水分（%）	—	25.0~35.0	3.0
pH	5.5~7.0	6.0~7.5	6.0~7.5
细度，过孔径 0.18 毫米标准筛的筛余物（%）	≤5.0	≤20.0	
有效活菌数/[个/毫升（或个/克、个/瓶）]	≥5.0×10^8	≥1.0×10^8	≥5.0×10^8
杂菌率[1]（%）	≤5.0	≤15.0	≤2.0
有效期[2]	≥3 个月	≥6 个月	≥12 个月

[1] 杂菌率包括马丁培养基平板上的霉菌。

[2] 有效期仅在监督部门或仲裁检验双方认为有必要时才检测。

4. 磷细菌肥料

原农业部于 2000 年 12 月 22 日颁布了《磷细菌肥料》（NY 412—2000），自 2001 年 4 月 1 日起实施，对磷细菌肥料产品提出的技术要求如下。

（1）产品分类

1）按剂型不同，分为磷细菌肥料分为液体磷细菌肥料、固体粉状磷细菌肥料和颗粒状磷细菌肥料。

2）按菌种及肥料的作用特性，分为磷细菌肥料分为有机磷细菌肥料、无机磷细菌肥料。

① 有机磷细菌肥料。能在土壤中分解有机态磷化物（卵磷脂、核酸

和植素等）的有益微生物经发酵制成的微生物肥料。分解有机态磷化物的细菌有芽孢杆菌属中的种、类芽孢杆菌属中的种。

②　无机磷细菌肥料。能把土壤中难溶性的不能被作物直接吸收利用的无机态磷化物溶解转化为作物可以吸收利用的有效态磷化物。分解无机态磷化物的细菌有假单胞菌属中的种、产碱菌属中的种、硫杆菌属中的种。

使用该标准规定之外的菌种生产磷细菌肥料时，菌种必须经过鉴定，而且必须为非致病菌菌株。

（2）技术要求

1）菌种的有效性。用于生产磷细菌肥料的菌种，必须是从国家菌种中心或国家科研单位引进的并经过鉴定对动物和植物均无致病作用的非致病菌菌株；这些菌株在含有卵磷脂或磷酸三钙的琼脂平板上培养，能观察到明显的溶磷圈；发酵培养后解磷量与不接菌对照比较有显著差异（$p \leqslant 0.05$）。

①　有机磷细菌。芽孢杆菌属的细菌为革兰氏染色阳性，能产生抗热的芽孢，为椭圆形或柱形周生或侧生鞭毛，能运动，能产生接触酶。

②　无机磷细菌。假单胞菌属中的细菌为革兰氏染色阴性杆菌，极生的单鞭毛或丛鞭毛，能运动，接触酶阳性。此属中的部分菌株为致病菌，必须进行严格的菌种鉴定后才能用于生产。产碱菌属的细菌，细胞呈杆状，1~4根周生鞭毛，能运动，革兰氏染色阴性，接触酶阳性。硫杆菌属的菌为革兰氏染色阴性小杆菌，单根极生鞭毛，能运动，严格自养。

2）产品技术指标。液体磷细菌肥料产品的技术指标见表3-20，固体（粉状）磷细菌肥料产品的技术指标见表3-21，固体（颗粒）磷细菌肥料产品的技术指标见表3-22。

表3-20　液体磷细菌肥料产品的技术指标

项　目		指　标
外观、气味		微黄色或灰白色浑浊液体，稍有沉淀，微臭或无臭味
有效活菌数/（亿/毫升）	有机磷细菌肥料	≥2.0
	无机磷细菌肥料	≥1.5
pH		4.5~8.0

（续）

项　目	指　标
杂菌率^①（%）	≤5.0
有效期	≥6 个月

① 杂菌率包括在选择培养基上的杂菌数和在马丁培养基平板上的霉菌数。其中对霉菌数的规定为：一般磷细菌肥料的霉菌要求少于 30.0×10^5 个/毫升，拌种剂磷细菌肥料的霉菌数要求少于 10.0×10^4 个/毫升。

表 3-21　固体（粉状）磷细菌肥料产品的技术指标

项　目		指　标
外观、气味		粉末状、松散、湿润、无霉菌块，无霉味，微臭
水分（%）		25.0～50.0
有效活菌数/（亿个/克）	有机磷细菌肥料	≥1.5
	无机磷细菌肥料	≥1.0
细度（粒径）		通过孔径 0.20 毫米标准筛的筛余物≤10.0%
pH		6.0～7.5
杂菌率（%）		≤10.0
有效期		≥6 个月

表 3-22　固体（颗粒）磷细菌肥料产品的技术指标

项　目		指　标
外观、气味		松散、黑色或灰色颗粒，微臭
水分（%）		≤10.0
有效活菌数/（亿个/克）	有机磷细菌肥料	≥0.5
	无机磷细菌肥料	≥0.5
细度（粒径）		全部通过 2.5～4.5 毫米孔径的标准筛
pH		6.0～7.5
杂菌率（%）		≤20.0
有效期		≥6 个月

5. 硅酸盐细菌肥料

原农业部于2000年12月22日颁布了《硅酸盐细菌肥料》（NY 413—2000），自2001年4月1日起实施，对硅酸盐细菌肥料产品提出的技术要求如下。

（1）**产品分类** 按剂型不同，硅酸盐细菌肥料分为液体菌剂、固体菌剂和颗粒菌剂。

（2）**技术要求**

1）菌种为非致病菌，能在含钾的长石粉、云母及其他矿石的无氮培养基上生长，菌体内和发酵液中存在钾及刺激植物生长的激素物质。

① 菌种用胶冻样芽孢杆菌的一个变种菌株或环状芽孢杆菌及其他经过鉴定用于硅酸盐细菌肥料生产的菌种，严格控制各种遗传工程微生物菌种（GEM）的使用。凡用该标准以外的菌种必须经过鉴定。

② 菌体大小为（4~7）微米×（1~1.2）微米，长杆状，两端钝圆，胞内常有1~2个大脂肪颗粒，革兰氏染色阴性，有荚膜，有椭圆形芽孢。

③ 在无氮培养基上生长的菌落黏稠，富有弹性，呈圆形，边缘整齐、光滑、有光泽，隆起度大，无色透明。

④ 在牛肉膏蛋白胨培养基上基本不生长。

2）硅酸盐细菌肥料产品的技术指标，见表3-23。

表 3-23 硅酸盐细菌肥料产品的技术指标

项 目		液 体	固 体	颗 粒
外观		无异臭味	黑褐色或褐色粉状、湿润、松散，无异臭味	黑色或褐色颗粒
水分（%）		—	20.0~50.0	<10.0
pH		6.5~8.5	6.5~8.5	6.5~8.5
细度筛余物（%）	孔径0.18毫米	—	≤20	—
	孔径2.5~5.0毫米	—	—	≤10
有效期内有效活菌数/（10⁸/毫升）		≥5.0	≥1.2	≥1
杂菌率[①]（%） ≤		5.0	15.0	15.0
有效期[②] ≥		3个月	6个月	6个月

① 杂菌率包括马丁培养基平板上的霉菌数。

② 有效期仅在监督部门或仲裁检验双方认为有必要时才检测。

6. 复合微生物肥料

原农业部于 2015 年修订了《复合微生物肥料》（NY/T 798—2015），对复合微生物肥料产品提出的技术要求如下。

（1）菌种 使用的微生物应安全、有效。生产者应提供菌种的分类鉴定报告，包括属及种的学名、形态、生理生化特性及鉴定依据等完整资料，以及菌种安全性评价资料。采用生物工程菌，应具有获准允许大面积释放的生物安全性有关批文。

（2）产品技术指标

1）外观（感官）。均匀的液体或固体。悬浮型液体产品应无大量沉淀，沉淀轻摇后分散均匀；粉状产品应松散；粒状产品应无明显机械杂质、大小均匀。

2）技术指标。复合微生物肥料产品的技术指标见表 3-24，复合微生物肥料产品的无害化指标见表 3-25。

表 3-24　复合微生物肥料产品的技术指标

项　　目	剂　　型	
	液体	固体
有效活菌数（cfu）[①]/[亿/毫升（克）]	≥0.50	≥0.20
总养分（$N + P_2O_5 + K_2O$）[②]（%）	6.0 ~ 20.0	8.0 ~ 25.0
有机质（以烘干基计）（%）	—	≥20.0
杂菌率（%）	≤15.0	≤30.0
水分（%）	—	≤30.0
pH	5.5 ~ 8.5	5.5 ~ 8.5
有效期[③]	≥3 个月	≥6 个月

① 含两种以上有效菌的复合微生物肥料，每一种有效菌的数量不得少于 0.01 亿/毫升（克）。

② 总养分应为规定范围内的某一确定值，其测定值与标明值正负偏差的绝对值不应大于 2.0%；各单一养分值应不小于总养分含量的 15.0%。

③ 此项仅在监督部门或仲裁双方认为有必要时才检测。

表 3-25　复合微生物肥料产品的无害化指标

项　　目	标 准 极 限
粪大肠菌群数/[个/克（毫升）]	≤100
蛔虫卵死亡率（%）	≥95

（续）

项　目	标准极限
砷及其化合物（以 As 计）/（毫克/千克）	≤15
镉及其化合物（以 Cd 计）/（毫克/千克）	≤3
铅及其化合物（以 Pb 计）/（毫克/千克）	≤50
铬及其化合物（以 Cr 计）/（毫克/千克）	≤150
汞及其化合物（以 Hg 计）/（毫克/千克）	≤2

四、水溶肥料标准

1. 大量元素水溶肥料

原农业部于 2010 年 12 月 23 日修订了《大量元素水溶肥料》（NY 1107—2010），自 2011 年 2 月 1 日起实施，对大量元素水溶肥料产品提出的技术要求如下。

（1）外观　均匀的液体或固体。

（2）产品类型　分为大量元素水溶肥料（中量元素型）和大量元素水溶肥料（微量元素型），每种类型又分固体和液体两种剂型。

（3）产品技术指标　大量元素水溶肥料（中量元素型）技术指标应符合表 3-26 的要求，大量元素水溶肥料（微量元素型）技术指标应符合表 3-27 的要求。

表 3-26　大量元素水溶肥料（中量元素型）产品的技术指标

项　目	固体指标	液体指标
大量元素含量[①]	≥50.0 %	≥500 克/升
中量元素含量[②]	≥1.0%	≥10 克/升
水不溶物含量	≤5.0 %	≤50 克/升
pH（250 倍稀释）	3.0 ~ 9.0	
水分（H_2O）	≤3.0 %	—

① 大量元素含量指总氮、五氧化二磷、氧化钾含量之和。产品应至少包含两种大量元素，单一大量元素含量不低于 4.0%（40 克/升）。

② 中量元素含量指钙、镁元素含量之和。产品应至少包含一种中量元素，含量不低于 0.1%（1 克/升）的单一中量元素均应计入中量元素含量中。

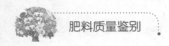

表 3-27　大量元素水溶肥料（微量元素型）产品的技术指标

项　目	固体指标	液体指标
大量元素含量[①]	≥50.0 %	≥500 克/升
微量元素含量[②]	0.2% ~ 3.0%	2 ~ 30 克/升
水不溶物含量	≤5.0 %	≤50 克/升
pH（250 倍稀释）	3.0 ~ 9.0	
水分（H_2O）	≤3.0 %	—

① 大量元素含量指总氮、五氧化二磷、氧化钾含量之和。产品应至少包含两种大量元素。单一大量元素含量不低于 4.0%（40 克/升）。

② 微量元素含量指铜、铁、锰、锌、硼、钼元素含量之和。产品应至少包含一种微量元素。含量不低于 0.05%（0.5 克/升）的单一微量元素均应计入微量元素含量中。钼元素含量不高于 0.5%（5 克/升），单质含钼的微量元素产品除外。

2. 微量元素水溶肥料

原农业部于 2010 年 12 月 23 日修订了《微量元素水溶肥料》（NY 1428—2010），自 2011 年 2 月 1 日起实施，对微量元素水溶肥料产品提出的技术要求如下。

（1）外观　均匀的液体；均匀、松散的固体。

（2）技术指标　微量元素水溶肥料产品的技术指标应符合表 3-28 的要求。

表 3-28　微量元素水溶肥料产品的技术指标

项　目	固体指标	液体指标
微量元素含量	≥10.0 %	≥100 克/升
水不溶物含量	≤5.0 %	≤50 克/升
pH（250 倍稀释）	3.0 ~ 10.0	
水分（H_2O）	≤6.0 %	—

注：微量元素含量指铜、铁、锰、锌、硼、钼元素含量之和。产品应至少包含一种微量元素。含量不低于 0.05%（0.5 克/升）的单一微量元素均应计入微量元素含量中。钼元素含量不高于 1.0%（10 克/升），单质含钼的微量元素产品除外。

3. 中量元素水溶肥料

原农业部于 2012 年 12 月 24 日颁布了《中量元素水溶肥料》（NY 2266—2012），自 2013 年 6 月 1 日起实施，对中量元素水溶肥料产品提出的技术要求如下。

（1）外观　均匀的液体或固体。

（2）技术指标　中量元素水溶肥料产品的技术指标应符合表 3-29 的要求。

表 3-29　中量元素水溶肥料产品的技术指标

项　　目	固 体 指 标	液 体 指 标
中量元素含量	≥10.0 %	≥100 克/升
水不溶物含量	≤5.0 %	≤50 克/升
pH（250 倍稀释）	3.0 ~ 9.0	
水分（H₂O）	≤3.0 %	—

注：中量元素含量指钙含量或镁含量或钙镁含量之和。含量不低于 1.0%（10 克/升）的钙或镁均应计入中量元素含量中。硫含量不计入中量元素含量，仅在标识中标注。

4. 含氨基酸水溶肥料

原农业部于 2010 年 12 月 23 日颁布了《含氨基酸水溶肥料》（NY 1429—2010），自 2011 年 2 月 1 日起实施，对含氨基酸水溶肥料产品提出的技术要求如下。

（1）外观　均匀的液体或固体。

（2）产品类型　分为含氨基酸水溶肥料（中量元素型）和含氨基酸水溶肥料（微量元素型），每种类型又分固体和液体两种剂型。

（3）技术指标　含氨基酸水溶肥料（中量元素型）产品的技术指标应符合表 3-30 的要求，含氨基酸水溶肥料（微量元素型）产品的技术指标应符合表 3-31 的要求。

表 3-30　含氨基酸水溶肥料（中量元素型）产品的技术指标

项　　目	固 体 指 标	液 体 指 标
游离氨基酸含量	≥10.0 %	≥100 克/升
中量元素含量	≥3.0 %	≥30 克/升
水不溶物含量	≤5.0 %	≤50 克/升
pH（250 倍稀释）	3.0 ~ 9.0	
水分（H₂O）	≤4.0 %	—

注：中量元素含量指钙、镁元素含量之和。产品应至少包含一种中量元素。含量不低于 0.1%（1 克/升）的单一中量元素均应计入中量元素含量中。

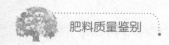

表 3-31　含氨基酸水溶肥料（微量元素型）产品的技术指标

项　目	固体指标	液体指标
游离氨基酸含量	≥10.0%	≥100 克/升
微量元素含量	≥2.0%	≥20 克/升
水不溶物含量	≤5.0%	≤50 克/升
pH（250 倍稀释）	3.0 ~ 9.0	
水分（H_2O）	≤4.0%	—

注：微量元素含量指铜、铁、锰、锌、硼、钼元素含量之和。产品应至少包含一种微量元素。含量不低于 0.05%（0.5 克/升）的单一微量元素均应计入中量元素含量中。钼元素含量不高于 0.5%（5 克/升）。

5. 含腐殖酸水溶肥料

原农业部于 2010 年 12 月 23 日修订了《含腐殖酸水溶肥料》（NY 1106—2010），自 2011 年 2 月 1 日起实施，对含腐殖酸水溶肥料产品提出的技术要求如下。

（1）外观　均匀的液体或固体。

（2）产品类型　分为含腐殖酸水溶肥料（大量元素型）和含腐殖酸水溶肥料（微量元素型），其中含腐殖酸水溶肥料（大量元素型）又分固体和液体两种剂型，含腐殖酸水溶肥料（微量元素型）只有固体剂型。

（3）技术指标　含腐殖酸水溶肥料（大量元素型）产品的技术指标应符合表 3-32 的要求，含腐殖酸水溶肥料（微量元素型）产品的技术指标应符合表 3-33 的要求。

表 3-32　含腐殖酸水溶肥料（大量元素型）产品的技术指标

项　目	固体指标	液体指标
腐殖酸含量	≥3.0%	≥30 克/升
大量元素含量	≥20.0%	≥200 克/升
水不溶物含量	≤5.0%	≤50 克/升
pH（250 倍稀释）	4.0 ~ 10.0	
水分（H_2O）	≤5.0%	—

注：大量元素含量指总氮、五氧化二磷、氧化钾含量之和。产品应至少包含两种大量元素。单一大量元素含量不低于 2.0%（20 克/升）。

表3-33 含腐殖酸水溶肥料（微量元素型）产品的技术指标

项　　目	固体指标
腐殖酸含量	≥3.0%
微量元素含量	≥6.0%
水不溶物含量	≤5.0%
pH（250倍稀释）	4.0～10.0
水分（H_2O）	≤5.0%

注：微量元素含量指铜、铁、锰、锌、硼、钼元素含量之和。产品应至少包含一种微量
　　元素。含量不低于0.05%（0.5克/升）的单一微量元素均应计入微量元素含量中。
　　钼元素含量不高于0.5%。

第四节　科学购买肥料

　　尽管肥料是农业生产中必需的生产资料，国家对产品问题较多的复混肥料、钙镁磷肥、过磷酸钙等实行生产许可证管理制度，农业农村部对一些水溶肥料、微生物肥料、土壤调理剂、新型肥料等实行肥料登记证管理制度。但一些不法商贩生产假冒伪劣肥料，片面扩大宣传，给广大种植户造成了很大损失。从近几年肥料产品质量监督检查的结果和肥料用户的投诉来看，我国肥料的产品合格率一直徘徊在70%左右，其中磷肥、水溶肥料、复混肥料、微生物肥料的产品质量水平较低，部分省市的合格率低于50%。因此，科学选购合格肥料产品，对于广大肥料用户是十分必要的。

一、肥料选购前的准备工作

1. 要搞清肥料的种类及指标

　　在选用肥料时，首先要知道所选购的肥料的用途，其次要了解肥料的各项指标及使用方法。目前多数地方的肥料从施用方式来看，基本上都是用作基肥、追肥、叶面喷施和冲施几种方式，基肥多以有机肥为主，但也有些地方根据地力情况，适当补充一些复混肥料。追肥一般以补充氮、磷、钾元素为主，有时也需要补充单质微量元素及微生物肥料等。叶面喷施以补充一些微量元素为主，如铜、锌、铁、锰、硼、钼等元素。

　　在明确肥料的用途后，还要了解肥料的主要技术指标，也就是主要

元素的含量。如常用的以含氮为主的氮肥，硫酸铵含氮≥20.5%，尿素含氮≥46.0%，硝酸铵含氮≥34.6%，氯化铵含氮≥25.0%，碳酸氢铵含氮≥16.8%；以含磷为主的磷肥，重过磷酸钙含五氧化二磷≥40.0%，过磷酸钙含五氧化二磷≥12.0%，钙镁磷肥含五氧化二磷≥12.0%，钙镁磷钾肥含五氧化二磷≥12.0%、氧化钾1.0%；以含钾为主的氯化钾含钾≥54.0%，硫酸钾含钾≥33.0%。搞清这些肥料的含量才能进行选择。另外，对于一些复混肥料、商品有机肥、微生物肥料、水溶肥料、土壤调理剂等也要弄清其基本的技术指标，以此为依据，进行合理选购，避免不足和过量，造成短缺或浪费。

2. 要搞清土壤的肥力情况

在实际的生产过程中，很多种植户在使用肥料时存在盲目施用的情况，用什么肥、用多少，全凭感觉，或是随大帮，完合不考虑地力情况、土质情况及作物的生长情况，这就造成：一是肥料施用不当，二是浪费严重却达不到预期的效果。因此，在选用肥料时，要先对种植区的土壤进行测土，再根据土壤中所含元素的比例进行合理施肥，缺啥补啥，然后根据作物整个生长过程所需各种元素的量进行选购。施用时要结合肥料的基本技术知识确定用量。

二、肥料选购时的注意事项

1. 查看肥料包装

我国生产和使用的肥料主要是固体肥料，国产肥料在出厂时均已分袋包装，有些进口肥料为了节省运费及便于运输，采用散装运输到岸后再装袋的方法。肥料的包装是否规范，是鉴别肥料优劣的第一印象。符合质量标准的肥料产品，包装也应符合标准；而伪劣肥料往往在包装上也会粗制滥造。肥料产品除应有正规的包装袋外，在外包装上还应有明确的标识。包装袋上除应明白地标注产品名称、执行的标准及编号、商标、主要养分含量、净重外，还应标明生产厂名、厂址。如果是进口肥料，应标明肥料生产国家。我国对固体化学肥料的包装内容进行了介绍（GB 8569—2009），以便肥料用户购买时进行辨别。

尿素、硫酸铵、碳酸氢铵、氯化铵、过磷酸钙、钙镁磷肥、硝酸铵、磷酸铵、硝酸磷肥、复混肥等，大多采用多层袋或复合袋进行包装。多层袋的外袋为塑料编织袋，内袋为聚乙烯或聚氯乙烯薄膜袋。如果用复合袋，应用二合一袋（塑料纺织布/膜）或三合一袋（塑料纺织布/膜/牛皮纸），包装袋的上口应卷边缝合。如果用多层袋，内袋应采用热合封口或扎口，外袋可不卷边缝合。卷边宽度不能小于 10 毫米，缝线至缝边距离不得少于 8 毫米。上缝口若用工业缝纫机缝合，每 10 厘米不得少于 10 针；若用民用缝纫机缝合，每 10 厘米不得少于 20 针。缝合线应选用耐酸、耐碱的合成纤维或相当质量的其他线。装入肥料后，应留有上、下缝口间有效长度 1/5 的预留容量，即肥料不能装得过满，以免在运输或跌落时胀破包装袋。任何化肥产品都应有符合要求的包装，不能用其他产品的包装代替化肥包装。尽管包装并不直接反映化肥的质量，但由包装的质量也可间接衡量产品的优劣。

2. 鉴别肥料标识

肥料包装标识是吸引农民注意力、决定购买行为的重要因素之一。国家有关部门发布的《肥料标识 内容和要求》（GB 18382 - 2001）国家标准和原农业部颁布的《肥料登记管理办法》都对肥料的包装标识做出了规定。在市场抽检中，讲信义、质量优的肥料生产企业的肥料标识相对规范，但也有一些肥料生产企业为了牟利，往往在标识上做文章，存在严重误导用户的行为，使用户的利益受到损害。因此，用户需要了解肥料包装标识方面的有关常识，提高鉴别肥料的能力，保护自己的合法利益。

（1）肥料包装标识应标注的内容　一般主要包括以下内容。

1）肥料名称及商标。应标明国家标准、行业标准已经规定的肥料名称。对商品名称或特殊用途的肥料名称，可在产品名称下以小一号的字体予以标注。国家标准、行业标准对产品名称没有规定的，应使用不会引起用户误解和混淆的常用名称。企业可以标注经注册登记的商标。

2）肥料规格、等级和净含量。肥料产品标准中已规定规格、等级、类别的，应标明相应的规格、等级、类别；肥料产品单件包装上应标明净含量。

3）养分含量。应以单一数值标明养分的含量（图 3-7）。

① 单一肥料应标明单一养分的百分含量。若加入中量元素、微量元素，可标明是中量元素型还是微量元素型，并按中量元素、微量元素两种类型分别标明各单养分含量及各自相应的总含量，不得将中量元素、微量元素含量与主要养分相加。

② 复混肥料应标明总氮、五氧化二磷、氧化钾总养分的百分含量，总养分标明值应不低于配合式中单养分标明值之和，不得将其他元素或化合物计入总养分，如氮磷钾复混肥料 15-15-15；二元肥料应在不含单养

分的位置标以"0",如氮钾复混肥料15-0-10。

标明养分含量

图 3-7　水溶肥料养分含量标识

③ 中量元素肥料应分别单独标明各中量元素养分含量及中量元素养分含量之和。若加入微量元素,应分别标明各微量元素的含量及总含量,不得将微量元素含量与中量元素含量相加。

④ 微量元素肥料应分别标出各种微量元素的单一含量及微量元素含量之和。

⑤ 水溶肥料应分别标出大量元素含量和中量元素含量或微量元素含量。含腐殖酸水溶肥料应分别标出腐殖酸含量和大量元素含量或微量元素含量;含氨基酸水溶肥料应分别标出氨基酸含量和中量元素含量或微量元素含量;微量元素水溶肥料应标出微量元素的含量;中量元素水溶肥料应标出中量元素的含量。

⑥ 农用微生物菌剂应标出有效活菌数。复合微生物肥料应分别标出有效活菌数和总养分含量;生物有机肥应分别标明有效活菌数和有机质含量。

⑦ 有机肥料应标出有机质含量。有机—无机复混肥料应标出有机质含量和养分含量。

4)生产许可证编号。对国家实施生产许可证管理的产品应标明生产许可证的编号，如复混肥料、有机—无机复混肥料、掺混肥料等。

5）生产者或经销者的名称、地址。应标明经依法登记注册并能承担产品质量责任的生产者名称、地址。

6）生产日期或批号。应在产品合格证或产品外包装上标明肥料产品的生产日期或批号。

7）肥料标准与肥料登记证号。应标明肥料产品所执行的标准编号或肥料登记证号。肥料登记证号分农业农村部肥料登记证号和省级肥料登记证号，相关信息可在国家化肥质量监督检验中心和省级土肥部门查询。

8）警示说明。肥料在运输、贮存、使用过程中若有不当，易造成财产损失或危害人体健康和安全的，应有警示说明。

9）适宜作物或适宜地区。水溶肥料、微生物肥料、土壤调理剂及新型肥料等应标明肥料产品适宜的作物或土壤。

10）产品使用说明。如施用量、施用时期、施用次数及方法等。

(2) 肥料包装标识常见的问题　主要表现在以下方面。

1）产品名称不规范。不标注通用名称，只用商品名称，或巧立各种名称。如近年来，随着水肥一体化技术的推广应用，各种水溶肥料液应运而生，农业农村部也相继出台了一批与之相配套的强制性肥料标准。但一些厂家为了吸引眼球，打造卖点，标注执行标准为 GB 10205 的"粉状滴灌二铵"、GB 6459 的"滴灌钾肥"等一批极具有滴灌特质的肥料出现在市场上。GB 10205—2009 标准名称为《磷酸一铵、磷酸二铵》，其中磷酸二铵外观为粒状，对粒度有特定要求，不能用于滴灌，况且磷酸二铵也没有粉状的。GB 6549—2001 标准的正式名称为《氯化钾》，所谓"滴灌钾肥"其实就是氯化钾，之所以易名，完全是为了隐瞒富含氯离子的事实。

2）养分标注不规范。主要表现在以下几个方面。

① 有机质、中量元素、微量元素计入总养分中。例如，复混肥包装袋上带有误导性的标识主要有：将氮、磷、钾三要素与中量元素钙、镁、硅、硫及微量元素锌、硼、铁、锰、钼、铜等养分加在一起作为总养分含量。

② 有机肥料、有机—无机复混肥料将有机质含量作为有效养分含量与氮、磷、钾总养分加在一起。以氯化物为原料的复混肥料包装上没有标注"含氯"，以枸溶性磷为原料的复混肥料没有标注枸溶性磷。

③ 用二元肥料冒充三元肥料销售。如有些复混肥料明明是二元复混肥料，却标明"氮15、磷15、铜锌锰铁15"或者"N-P_2O_5·Cl15-15-15"。

3）标注信息不全。没有标注肥料登记证号（有的伪造肥料登记证号），没有标注肥料执行标准号，实行生产许可证管理的没有标注生产许可证号，需要标注适宜作物的没有标注适宜作物，生产厂家、生产地址、联系方式等标注不准确或不详细等。

4）使用夸大性质的词语。在包装上使用夸大虚假性词语或模糊概念，如"高效××""××肥王""全元素××肥料""引进国际先进技术""和农科院合作"等。在肥料功效上使用"提高抗病性、减少病虫害"等夸大肥料功效的词语。不使用汉字改用拼音，假冒误导是进口产品，等等。

（3）如何从包装标识鉴别肥料

1）查看肥料包装标识是否规范。主要看包装标识是否规范地标注有产品名称、养分含量、肥料登记证号、生产许可证号（复混肥料、有机—无机复混肥料、掺混肥料等需要标注）、肥料执行标准号、适宜作物或适宜地区（水溶肥料、微生物肥料、土壤调理剂及新型肥料等需要标注）、生产厂家、生产地址、生产日期或批号、肥料规格与等级和净含量、产品使用说明、警示说明等。如果上述标识不完整、不规范，则可能是劣质或假冒肥料。

2）查看肥料包装标识是否与肥料登记证内容一致。查看、核实确认包装标识是否与肥料登记证内容一致，主要是看肥料包装标注的肥料登记证号、产品名称、养分含量、生产厂家及地址、肥料执行标准、适宜作物或适宜地区、注册商标是否与肥料登记证内容一致，以及肥料登记证是否在有效期内。肥料登记证的相关信息可在国家化肥质量监督检验中心和省级土肥管理部门查询。

3. 肥料登记证辨别

根据《中华人民共和国工业产品生产许可证管理条例》和《中华人民共和国工业产品生产许可证管理条例实施办法》的规定，复混肥料和磷肥实行生产许可证管理，包括执行 GB 15063—2001 标准生产的复混肥料、执行 GB 21633—2008 标准生产的掺混肥料、执行 GB 18877—2002 标准生产的有机—无机复混肥料、执行 GB 20413—2006 标准生产的过磷酸钙、执行 GB 20412—2006 标准生产的钙镁磷肥、执行 HG 2598—1994 标准生产的钙镁磷钾肥。原农业部颁布的《肥料登记管理办法》第十四条规定："对经农田长期使用，有国家或行业标准的下列产品免予登记：硫酸铵，尿素，硝酸铵，氰氨化钙，磷酸铵（磷酸一铵、二铵），硝酸磷肥，过磷酸钙，氯化钾，硫酸钾，硝酸钾，氯化铵，碳酸氢铵，钙镁磷肥，磷酸二氢钾，单一微量元素肥，高浓度复合肥。"

1）肥料企业生产的复混肥料（含配方肥料）、掺混肥料、有机—无机复混肥料、有机肥料、床土调酸剂，由企业所在省、自治区、直辖市人民政府农业行政主管部门颁发省级肥料登记证。

2）肥料企业生产的大量元素、中量元素和微量元素水溶肥料，含氨基酸、腐殖酸、海藻酸的水溶肥料，非水溶中量元素和微量元素肥料，缓释肥料，土壤调理剂，微生物肥料及其他新型肥料，由企业所在省、自治区、直辖市人民政府农业行政主管部门推荐到农业农村部办理登记，并颁发农业农村部肥料登记证。

① 商品有机肥料的肥料登记证为省级农业行政主管部门颁发，如河南省农业厅颁发（图3-8）的标示为：豫农肥（年代号）临（或准）字×××号，执行标准为农业行业标准（NY 525—2012）。这类肥料的登记证一般可以到各省农业行政主管部门（多为土壤肥料站）网站查询。

图3-8　商品有机肥料登记证

② 微生物肥料的肥料登记证为农业农村部颁发，标示为：微生物肥（年代号）临（或准）字×××号，执行标准为：生物有机肥（NY 884—2012）、复合微生物肥料（NY/T 798—2004）、农用微生物菌剂（GB 20287—2006）。这类肥料的登记证一般可以到农业农村部网站进行查询：中华人民共和国农业农村部官网（图3-9）→种植业管理司（图3-10）→有效肥料登记发

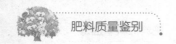
布→输入企业名称或登记证号查询（图3-11）→获得肥料信息（图3-12）。

图3-9　中华人民共和国农业农村部官网

图3-10　种植业管理司网站

图 3-11　微生物肥料登记证查询网页

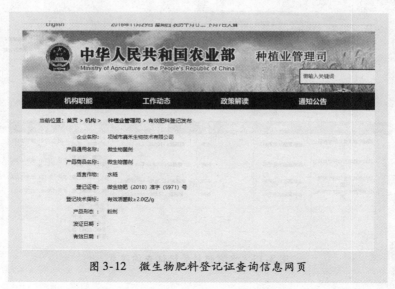

图 3-12　微生物肥料登记证查询信息网页

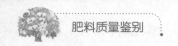

③ 水溶肥料的肥料登记证为农业农村部（原农业部）部颁发，标示为：农肥（年代号）临（或准）字××××号，执行标准为：大量元素水溶肥料（NY 1107—2010）、中量元素水溶肥料（NY 2266—2012）、微量元素水溶肥料（NY 1428—2010）、含腐殖酸水溶肥料（NY 1106—2010）、含氨基酸水溶肥料（NY 1429—2010）、有机水溶肥料（执行企业标准）。另外，土壤调理剂、微量元素肥料、中量元素肥料、缓释肥料、农业用硫酸钾镁、农业用氯化钾镁、农业用硝酸铵改性产品、农业用硫酸镁，以及含氨基酸、含腐殖酸、含海藻酸等有机水溶肥料、进口肥料产品等肥料登记证也归农业农村部颁发。这类肥料的登记证一般可以到农业农村部网站进行查询：中华人民共和国农业农村部官网→种植业管理司→有效肥料登记发布→输入企业名称或登记证号查询（图 3-13）→获得肥料登记信息（图 3-14）。

图 3-13　水溶肥料登记证查询网页

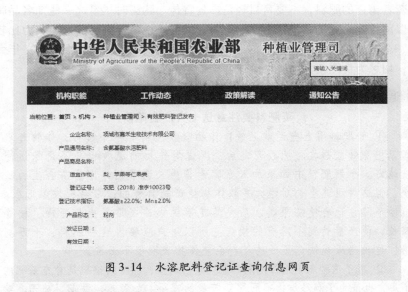

图 3-14 水溶肥料登记证查询信息网页

4. 购买肥料时的其他注意事项

为防止上当受骗，用户在购买肥料时一定要注意以下几点。

（1）看肥料的化验报告 无论是进口肥料还是国产肥料都要查看肥料的化验报告，且最好是本地质检部门检测的。在查看化验报告时，一是看氮、磷、钾的含量各为多少，水溶性磷的含量是否高（水溶性磷含量越高越好）。二是看总养分（氮、磷、钾）含量是多少，总养分不同，价格也不同。三是看颗粒强度与含水量，强度高、含水量低的为好，然后与其外包装上的标识进行比较，注意看标识的养分偏差，偏差越小越好。四是肥料中是否含氯，含氯过高，对忌氯作物有不良的影响，如对蔬菜、柑橘、马铃薯等作物施用含氯的肥料时轻则影响其品质，重则使其减产减收。

（2）正规销售单位购买 现在经销肥料的主体机构是农业生产资料公司及农村合作商店，也存在其他经营机构，如农业技术推广部门及肥料厂等。这些单位经营的规范程度不同，为用户提供的农化服务及售后服务水平也参差不齐，销售价格可能也存在差异。应该引起用户注意的是，除以上部门外，其他部门所销售肥料属于非法经营，其中也包括个体户在内。按照以上几条核对无误后，即可购买肥料。

购买肥料时要挑选一些信誉较好的经销肥料的单位，要到有经营资格、证照齐全的合法肥料经营商店购买，不要购买流动商贩和无证、无照经营者销售的肥料，不要盲目轻信广告宣传。购买时尽量选一些知名品牌或以前曾经用过的、效果不错的肥料。一般来说，规模比较大、实力比较强、全国连锁经营的大企业的肥料品质比较有保障。买肥种田是一年大计，切忌为贪图便宜而买杂牌或假冒伪劣的肥料。

▲ 温馨提示

买肥料要注意这七大广告陷阱

① 好肥料用上当天就见效！作物吸收肥料有一个过程，作物外表显示出肥效应是在施肥数天之后，再说对作物的肥效也并不是越迅速就越好。个别肥料中如果加入赤霉素等生长调节剂，作物苗会生长很快，但这种迅速生长对绝大多数作物生产是有害的，常会引发其旺长、抗性下降，也会使茄果类、瓜类落花落果或造成瓜果生长变慢，枝蔓疯长，使产量受到不应有的损失。所以用户应警惕这种肥料，千万别用！这种当天或快速见效的肥料会使作物表现很不正常。

② 用了这种肥不用再追别的肥！众所周知，作物的追肥是补充基肥的不足，也是为了满足作物不同发育阶段的需要。如黄瓜、番茄、茄子、辣椒及豆类，其共同的特点是开花结果后对氮肥和钾肥的需求量会大增，理应多次追肥。不追肥是不能满足作物需要的，会使作物产量低、品质差。

买肥料不要听信"不用再追肥"的宣传，表面看来是宣传肥料好，实际是引导用户违背作物生长发育的需肥规律，如瓜果膨大期急需追肥，供晚了会导致瓜果个头小、产量低，不追肥是没有掌握作物生理需要的临界期。

③ 工厂生产的有机肥可以替代农家有机肥！"完全可以代替鸡粪等有机肥"，这显然是夸大了工厂化有机肥的作用，几十千克、几百千克工厂化有机肥是无法取代大量农家有机肥的。首先是量不足，不能改土壤肥地；其次是1亩地1茬作物要消耗有机质1000千克左右，有的专家曾提出工厂化有机肥的用量要达到800千克以上时才能取代大量的农家有机肥。因价格因素，当前用户还应坚持每亩施用量数以万计的鸡、鸭、猪粪作为基肥，不能幻想"以少代多"，以免受损。目前在我国北方种植作物的土壤有机质尚低的情况下，尤其应注意基肥用量要大，先打好基础，不能轻信传言，破坏了这个基础。

④ 这种肥富含几十种营养元素！卖假肥的人常说这种话，似乎元素越多越好。其实作物所需的营养元素共16种，多了反而是"假"。

另外就作物需肥的情况看，也不是每一种都缺乏，都需要补充。在我国北方，氮、磷、钾是必须补充的，铁、锌、硼、钼也常缺乏，故复合肥、复混肥也只是几种肥料元素的配合，基本就能满足我国北方用户的需要。说自己的肥料含几十种元素，纯属欺骗行为！

　　⑤用了这种肥，什么病都不长！这种宣传是错把肥料当作了农药，是很可笑的。肥好苗壮是一回事，能增加作物的抗病能力，但夸大到作物用了不得病，显然是骗人的！病，还是需要用药、用良种、用改变环境来综合防治。

　　⑥这种生物肥能解钾、解磷、固氮，能使土壤中的营养大量释放出来，不用别的肥，作物也能长得很好！生物肥的不少种类能解钾、解磷、固氮，也能使土壤中的一部分营养释放出来，可问题是"解"出来的量能满足作物生产的要求吗？显然是差得很远，充其量解出来的那些营养只能作为作物施基肥和追肥的补充而已，是不能取代施肥的。如果依靠这种"解"，除量不足以进行作物生产外，还有一个"源"的问题，尤其是我国黄淮海平原的土壤中有机质含量低，含高磷、钾的土壤基质也很少见，如果依靠施用这种肥料来解决释放氮、磷、钾和其他营养，无疑是"无源之水、无本之木"。正确的办法是要施足农家有机肥。土壤肥力已很高的东北森林土和少数多年大棚地施用这种生物肥是可以的，但应充分考虑把它作为栽培中的一个时间段内应用，不能连年应用。一般地区应把这种肥作为施肥的一种辅助种类来应用。

　　⑦今年用多少钱的肥，明年还用多少钱的肥！施肥量以花钱数额来确定的弊病很多。且不说肥料价格年年会有变化，单就用肥的根据来讲，作物施肥应该是按需供应，需肥情况会因作物的种类不同而不同，也会受到土壤肥力水平的影响，不会年年固定在同一个水平上。再是作物对肥的需要，也按元素的大体比例吸收，满足作物用肥就不能按钱买肥定用量，理应考虑土壤中各种营养元素余缺和作物的实际需要。按钱用肥势必会出现不该用的用过了，甚至出现肥害，而需要补充的又不一定能补足。有可能需要甲时，却施了乙……所以，按钱去供肥是典型的盲目用肥、乱用肥，会给作物生产造成不少"隐患"，用户须力戒这种做法！

三、购肥凭证

　　购买肥料后，要向经营者索要销售凭证，并妥善保存，以备作为索赔

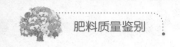

依据（发票或小票是确立购买与经销关系的凭证，也是发生纠纷时投诉的重要证据）。票中应详细注明所购复混肥料的名称、数量、等级或含量、价格等内容。

依据《中华人民共和国消费者权益保护法》第二章第二十八条规定："经营者提供商品或者服务，应当按照国家有关规定或者商业惯例向消费者出具购货凭证或者服务单据；消费者索要购货凭证或者服务单据的，经营者必须出具。"如果经销单位拒绝出具购买肥料的凭证，消费者可以向工商管理部门举报。

四、样品保留

样品是所购买产品的实样，也是重要的特征之一。如果用户所购买的肥料数量仅1袋或几袋，保留1袋肥料样品则不太现实。如果所购买的肥料数量在半吨以上，则有必要保留一整袋肥料作为样品。保留样品时应注意贮放在通风干燥阴凉的地方，避免样品因潮湿及直接接受阳光照射而分解。

五、消费维权

1. 法律法规、规章和规范性文件要求

《中华人民共和国农业法》第二十五条规定："农药、兽药、饲料和饲料添加剂、肥料、种子、农业机械等可能危害人畜安全的农业生产资料的生产经营，依照相关法律、行政法规的规定实行登记或者许可制度。"

《中华人民共和国农产品质量安全法》第二十一条规定："对可能影响农产品质量安全的农药、兽药、饲料和饲料添加剂、肥料、兽医器械，依照有关法律、行政法规的规定实行许可制度。"

2000年原农业部32号令颁布了《肥料登记管理办法》，于2017年12月进行了修订，规定对部分肥料实行登记许可。

2009年8月国务院下发了《关于进一步深化化肥流通体制改革的决定》（国发〔2009〕31号），进一步放开了化肥经营限制，允许具备条件的各种所有制及组织类型的企业、农民专业合作社和个体工商户等市场主体进入化肥流通领域，参与经营，公平竞争。申请从事化肥经营的企业要有相应的住所，申请从事化肥经营的个体工商户要有相应的经营场所；企业注册资本（金）、个体工商户的资金数额不得少于3万元人民币；申请在省域范围内设立分支机构、从事化肥经营的企业，企业总部的注册资本（金）不得少于1000万元人民币；申请跨省域设立分支机构、从事化肥经

营的企业，企业总部的注册资本（金）不得少于3000万元人民币。满足注册资本（金）、资金数额条件的企业、个体工商户等可直接向当地工商行政管理部门申请办理登记，从事化肥经营业务。企业从事化肥连锁经营的，可持企业总部的连锁经营相关文件和登记材料，直接到门店所在地工商行政管理部门申请办理登记手续。

化肥经营者应建立进货验收制度、索证索标制度、进货台账和销售台账制度，相关记录必须保存至化肥销售后2年，以备查验。化肥经营应明码标价，化肥的包装、标识要符合有关法律法规规定和国家标准。化肥生产者和经营者不得在化肥中掺杂、掺假，以假充真、以次充好或者以不合格商品冒充合格商品。化肥经营者要对所销售化肥的质量负责，在销售时应主动出具质量保证证明，如果化肥存在质量问题，消费者可根据质量保证证明依法向销售者索赔。化肥经营者应掌握基本的化肥业务知识，并应主动向化肥使用者提供化肥特性、使用条件和方法等有关咨询服务。

《中华人民共和国产品质量法》第四十九条规定："生产、销售不符合保障人体健康和人身、财产安全的国家标准、行业标准的产品的，责令停止生产、销售，没收违法生产、销售的产品，并处违法生产、销售产品（包括已售出和未售出的产品，下同）货值金额等值以上3倍以下的罚款；有违法所得的，并处没收违法所得；情节严重的，吊销营业执照；构成犯罪的，依法追究刑事责任。"

《中华人民共和国产品质量法》第五十条规定："在产品中掺杂、掺假，以假充真，以次充好，或者以不合格产品冒充合格产品的，责令停止生产、销售，没收违法生产、销售的产品，并处违法生产、销售产品货值金额50%以上3倍以下的罚款；有违法所得的，并处没收违法所得；情节严重的，吊销营业执照；构成犯罪的，依法追究刑事责任。

2. 受害后及时维权

买到不合格肥料怎么办？如何依法维护自身的合法权益？

（1）找经营者协商解决 当购买肥料后发现有质量问题，如果不是很严重，可以直接找经营者协商解决。在协商解决时要注意以下3个问题。

1）如果人身权利和财产遭受重大损失，或经营者的侵害行为手段恶劣，绝不能大事化小，尤其是构成刑事责任的，决不能姑息。

2）如果商家推卸责任，认为是生产厂家的过失，要求购肥者直接找厂家交涉时，应该加以拒绝。因为，根据《中华人民共和国消费者权益

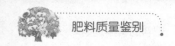

保护法》第三十五条的规定，消费者索赔可直接找销售者即经营者交涉，这是我国法律明确赋予消费者的权利。

3）在与商家交涉、协商时，不必为店堂内的告示所约束。根据《中华人民共和国消费者权益保护法》第二十四条的规定，经营者不得以格式合同、通知、声明、店堂告示等方式做出对消费者不公平、不合理的规定，或者减轻、免除其损害消费者合法权益应当承担的民事责任。

> 与经营者协商和解，这种方式虽然便利快捷，可以在任何时候进行，但是达成的协议却不具有法律效力，如果当事人一方不履行协议，即不能被强制执行。此时，用户还可以采取以下措施。

（2）请求消费者协会调解　购买到假肥料后，可以向当地的消费者协会或其分会投诉，请求消费者协会调解。调解时，应携带下列证据：一是应出示经营者的名称、地址及联系电话；二是购货发票及假肥料的包装物；三是有关假肥料的证明文件；四是遭受假肥料损害的严重程度及相关证明。

（3）向有关部门申诉　购买假肥料后，可依法向当地农业行政主管部门即农业局或工商行政管理部门申诉。在申诉时，应当符合下列条件：一是有明确的被申诉方；二是有具体的申诉请求、事实和理由；三是属于农业行政部门即农业局或工商行政管理机关管辖的范围。在申诉时应当采用书面形式，并标明下列事项：一是购买者的姓名、住址、电话号码、邮政编码；二是被申诉人的名称、地址；三是申诉的要求、理由及相关事实依据；四是申诉的日期；五是购买者委托代理人进行申诉活动的，应当向农业行政主管部门即农业局或工商行政管理机关提交授权委托书。

（4）向法院提起诉讼　到人民法院起诉经营者，要注意以下几点。

1）必须是自己与经营者发生权利义务的争执，别人不能代替起诉。

2）必须有明确的被告。

3）必须有具体的诉讼请求和事实、理由。

4）购买者的诉讼必须向有管辖权的法院提出。一般来说，购买者应向被告所在地的基层人民法院提起诉讼，如果被告是代销的，可向法人所在地的基层人民法院提起诉讼，如果购买者人身受到伤害，也可向伤害行为地的法院提起诉讼。

5）必须在诉讼时效的范围内。因为假劣肥料存在缺陷而造成损害要求赔偿的，其诉讼时效为3年。诉讼时效是自当事人知道或应知道其权益受损时起计算。

（5）拨打热线投诉　拨打"12315"消费者权益保护热线或"12316"三农服务热线进行投诉，请求帮助解决。切忌不能错过田间作物典型性状的表现期。

身边案例

（1）酒泉市假冒"硝酸铵钙"肥烧苗案　2009年春季，甘肃省"12316"三农服务热线接到酒泉等地农民反映春小麦出苗差的严重问题。根据相关执法部门调查，发生问题的主要原因是农民在春小麦播种时均施用了一种叫"硝酸铵钙"的肥料。5月6日，甘肃省农牧厅召集工商、质监、公安、监察、整规办召开了全省农资打假护农专项治理行动厅际协调小组会议，决定从5月15日开始，在全省范围内开展为期1个月的肥料市场专项整治行动。据相关执法部门查处，在酒泉市某农资公司查获尚未出售的外省某3家肥料企业生产的"硝酸铵钙"肥90吨。经检验，氯离子或缩二脲含量超标严重，属禁止推广销售的产品。根据《肥料登记管理办法》的第二十七条规定，肃州区农业执法大队做出8.96万元的行政处罚决定，按照肃州区人民政府的统一安排，根据实际损失情况，以每亩50～70元的赔付协议，全部发到274户受灾农户手中。

（2）庄浪县马某销售不合格肥料案　2008年3月1日，甘肃省庄浪县马某从某生物科技有限公司以每吨2640元的价格购进"赛众"肥6000千克，货值金额1.584万元。截至2009年4月14日，以每吨2800元（每袋70元）的价格销售1325千克（53袋），销售金额3710元，违法所得212元。2009年3月14日，庄浪县工商局执法人员在进行农资市场整顿中，现场检查发现当事人销售该肥料无本批次检验报告，涉嫌质量问题，随即现场进行抽样，经检验，肥料不合格。当事人的行为违反了《中华人民共和国产品质量法》第三十九条的规定，构成销售不合格产品的行为。依据该法第五十条的规定，2009年6月25日，庄浪县工商行政管理局依法对当事人做出责令停止销售不合格化肥、没收不合格化肥4675千克、没收违法所得212元并处以1.5万元罚款的行政处罚。

第四章

肥料的真假鉴别

当前，市场上流通的肥料可谓品类繁多，五花八门，用户只有掌握识别肥料真假的常识，才能在质量参差不齐的肥料品类中选出称心如意的肥料真品。

 ## 第一节　市场上假冒伪劣肥料的类型

这里主要就目前市场上常见的 8 类肥料，即氮肥、磷肥、钾肥、磷酸二铵、复混肥料、有机肥、微生物肥、水溶性肥的假冒产品表现形式做一下介绍。

一、氮肥

对于氮肥来说，常见的有尿素、硫酸铵、氯化铵、碳酸氢铵，肥料包装袋上应标明肥料名称、商标、规格等级、净含量、养分含量、生产商地址、电话和批号、执行标准。国产尿素执行 GB/T 2440—2017 标准，如果执行企业标准或含氮量达不到国家标准要求，就是假"尿素"（图4-1）。农业农村部对农业用尿素提出了规范要求，以此来减缓肥料市场炒作或夸大概念的混乱局面。对具有特殊农用效果的缓释尿素和增效氮肥（以尿素为原料）继续实施登记管理，其

图 4-1　假尿素产品示例

他尿素产品均应严格执行国家标准，不得添加其他成分或冠以其他名称。

因此，市场上出现的"有机尿素、含硫尿素、优肽尿素"等产品质量达不到国家标准（含氮量合格品≥46.0%）的均属于假尿素。另外，氮肥中的硫酸铵产品，部分企业改名为"硫酸铵锌、稀土硫酸铵锌、硫氮肥或含硫氮肥"等；氯化铵产品改名为"多肽脲铵氮肥"，均有误导消费者的嫌疑，要谨慎选择购买（图4-2）。

图4-2 不合格尿素产品标注示例

温馨提示

图4-1所示产品包装标识为"腐殖酸有机尿素"，执行标准为企业标准，含氮量仅有18%，远低于国家标准要求，且名称也不符合国家标准要求，属于假"尿素"。

二、磷肥

对于磷肥来说，常见的有过磷酸钙，包装袋上应标明肥料名称、商标、规格等级、净含量、养分含量、生产商地址、电话和批号、生产许可证号、执行标准。过磷酸钙执行 GB/T 20413—2017，如果是不执行国家标准或无生产许可证号的，质量定有问题，就不要购买。市场上还有叫作"多肽磷""磷锌酸钙""腐殖酸磷钙""有机活性磷"的产品，实际上这一类肥料就是"白肥"，属于化工废弃物，是生产饲料级磷酸氢钙的废渣，不含水溶性磷，只含有枸溶性磷，只能施到南方的酸性土壤里，若施到碱性土壤中，不仅没有肥效，还会造成土壤板结。

温馨提示

图4-3所示产品包装标识是"游离酸钙"，执行标准为企业标准，该产品不含五氧化二磷，故不是真正的磷肥。

图 4-3　假磷肥产品示例

三、钾肥

对于钾肥来说，常见的有农业用氯化钾、硫酸钾、硝酸钾、硫酸钾镁肥、磷酸二氢钾等，包装袋上应标明肥料名称、商标、规格等级、净含量、养分含量、生产商地址、电话和批号、执行标准，其中硫酸钾镁肥还应有农业农村部颁发的肥料登记证号。目前钾肥市场上出现的各种钾宝，标识有"美国""以色列""全营养"等词语，或标称内含中微量元素，实则全有夸大宣传之嫌。另外，钾肥中的磷酸二氢钾执行 HG/T 2321—2016 标准，并且只有磷钾两种元素，如果还标有含其他元素，或执行别的标准号，或名称标为"复合型""改进型""Ⅰ、Ⅱ型""稀土型""多微"

图 4-4　假钾肥产品示例

等，或产品呈液体或其他性状，则是误导消费者，即为假钾肥（图 4-4）。

温馨提示

图 4-4 所示产品包装标识是"农用硫酸钾"，执行标准为企业标准，且钾含量低于国家标准要求，因此，该产品为假"硫酸钾"。

四、磷酸二铵

对于磷酸二铵来说，包装袋上应标明肥料名称、商标、规格等级、净含量、养分含量、生产商地址、电话和批号、执行标准。有些"有机磷酸二铵"，如图 4-5 所示，标注的是执行标准 Q/CGY Z004—2006，这属于企业标准，含磷量仅有 12%，远低于磷酸二铵国家标准（GB 10205—2009）含磷量合格品最低 39.0% 的要求，且名称也不符合国家标准要求，并标识有"美国技术"字样，带有误导性，属于假磷酸二铵。

图 4-5　假磷酸二铵产品示例

五、复混肥料

对于复混肥料（复合肥料）、有机—无机复混肥料、掺混肥料（BB 肥）来说，包装袋上应标注肥料名称、商标、规格等级、净含量、养分含量、生产商地址、电话和批号、生产许可证号、肥料登记证号、执行标准（复混肥料执行标准 GB 15063—2009，有机—无机复混肥料和掺混肥料执行标准 GB 18877—2009）。目前市场上复混肥料（复合肥料）、有机—无机复混肥料、掺混肥料（BB 肥）存在的主要问题是：不标注通用名称，也就是不按国家强制性或推荐性标准规定的名称标识，只用商品名称，或巧立各种名称；包装标识中无生产许可证号和肥料登记证号，或仅有生产许可证号而无肥料登记证号；或不执行国家标准而执行企业标准；或标明该产品含中量、微量元素，而不标明具体含量；或将有机质、中量、微量元素计入总养分含量；或以氯化物为原料的复混肥料包装上没有标注"含氯"，以枸溶性磷为原料的复混肥料没有标注枸溶性磷；或使用夸大性质的词语，在包装上使用夸大虚假性词语或模糊概念，如"高效××""××肥王""全元素××肥料""引进国际先进技术""美国技术""俄罗斯技术""以色列技术""德国技术""和农科院合作""科研院所监制"等；或在肥料功效上使用"抗病、抗虫害"等夸大肥料功效的词语；或不使用汉字而改用拼音，假冒进口产品或误导用户认为其是进口产品等。这些产品均有问题，均可能是劣质或假冒肥料，请不要购买。

六、有机肥料

对于有机肥料来说，包装袋上应标明肥料名称、商标、规格等级、净含量、养分含量、生产商地址、电话和批号、肥料登记证号、执行标准。有机肥料的肥料登记证为省级农业行政主管部门颁发，如河南省农业厅

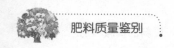

颁发的标识为豫农肥（年代号）临（或准）字××××号，执行标准为农业行业标准（NY 525—2012）。根据《河南省肥料管理办法》的规定和有机肥料的标准要求，城镇垃圾、污泥、工业废弃物、风化煤、味精下脚料等是严禁用作有机肥料生产原料的（图4-6），如果发现有机肥料包装上将产品名称改为"黄腐

图 4-6　假有机肥产品

酸钾"或别的名称，或执行标准为企业标准，或养分含量达不到 NY 525—2012 标准的要求，或产品油光发亮、有较浓烈的氨臭味或酸味，则说明该产品有问题，就要投诉举报。

温馨提示

图 4-6 所示产品包装标识为"精制有机肥"，总氮≥16%，有机物质≥60%，实际该产品是用味精下脚料制成的劣质有机肥。

七、微生物肥料

微生物肥料包括生物有机肥、复合微生物肥料、农用微生物菌剂，包装袋上应标明肥料名称、商标、规格等级、净含量、养分含量、生产商地址、电话和批号、肥料登记证号、执行标准。微生物肥料的肥料登记证为农业农村部颁发，标识为微生物肥（年代号）临（或准）字××××号，执行标准为生物有机肥（NY 884—2012）、复合微生物肥料（NY/T 798—2004）、农用微生物菌剂（GB 20287—2006）。当前市场上的微生物肥料存在的主要问题是：部分无肥料登记证企业假冒已获证企业登记证号生产；或部分已获证企业随意将肥料登记证号转让给不具备微生物肥料生产能力的企业加工生产；或微生物肥料包装袋上使用省级农业部门颁发的登记证号；或随意更改包装标识，误导消费者。如复合微生物肥料，氮磷钾总养分含量过少起不到应有的效果，过多则影响生物菌的存活，但有些包装将氮磷钾总养分含量标识为 40% 以上，这种产品明显为假劣复合微生物肥料产品，应谨慎购买。

八、水溶性肥料

水溶性肥料包括大量元素水溶肥料、中量元素水溶肥料、微量元素水溶肥料、含腐殖酸水溶肥料、含氨基酸水溶肥料、有机水溶肥料等，包装袋上应标明肥料名称、商标、规格等级、净含量、养分含量、生产商地址、电话和批号、肥料登记证号、执行标准。水溶性肥料的肥料登记证为农业农村部颁发，标识为农肥（年代号）临（或准）字××××号，执行标准为大量元素水溶肥料（NY 1107—2010）、中量元素水溶肥料（NY 2266—2012）、微量元素水溶肥料（NY 1428—2010）、含腐殖酸水溶肥料（NY 1106—2010）、含氨基酸水溶肥料（NY 1429—2010）、有机水溶肥料（执行企业标准）。目前市场上的水溶性肥料存在的主要问题为：标签上无农业农村部颁发的肥料登记证号，有些产品用的是省级部门颁发的肥料登记证号；或标注具有植物生长调节剂等农药功效、夸大宣传产品功能等内容，如"壮根、膨大、抗病、对病害有抑制作用"。发现标签上有以上问题时，应及时向当地农业执法部门举报。

身边案例

尿素也被"偷梁换柱"，看清两点辨别真假！

目前，尿素的市场需求量大，但价格透明，零售商利润低。一些经销商为了谋取更多利益，"打擦边球""偷梁换柱"，推出所谓的新型"尿素"，花样翻新、鱼龙混杂，令用户眼花缭乱。只要在包装袋上认准下面两个"关键词"，就可以辨别真假尿素。

关键词一：GB 2440—2017　尿素的国家标准为 GB 2440—2017，也就是说，在包装袋上必须明显标注国家标准号。严格意义上来说，凡是包装袋上没有标注 GB 2440—2017 的"尿素"就不是真正的尿素。这点很重要，标准的合格标识如图 4-7 所示。

> **尿 素**
> 国标 GB2440—2017
> 总氮：≥46.4%　　净含量：50千克
> 粒度（d 0.85~2.80毫米）

图 4-7　正品尿素标识

许多肥料小厂在"尿素"这个词上下功夫，创造出一些概念性的、功效夸大的"新型尿素"。其包装袋上标注的执行标准都不是国家标准，而是企业标准（图 4-8）。

还有许多小厂用含氮量25%的氯化铵冒充尿素销售。一般标注 GB/T 2946—2008 的都是氯化铵，包装袋上标注 N≥25%、S≥8%、 Zn≥2% 等，把所有养分都加起来凑成46%（图4-9）。

（新型尿素）

含N-Zn·SO₃≥46.3%

N≥25%　　Zn·SO₃≥21.3%

执行标准：Q/3700LQL002—2010

含硫尿素

含N-SO₃≥46.3%

(N-SO₃) (0.25-0.213)

执行标准：Q/320382CHC01—2010

含锌尿素

大颗粒

（多肽型）

N≥25%　Zn·SO₃≥21.3%

执行标准 GB/T 2946—2008

图4-8　不正确尿素标识（一）　　　图4-9　不正确尿素标识（二）

不是说氯化铵不好，其实氯化铵是用作追肥时很好的肥料，特别是用于水稻的追肥效果很好。但氯化铵成本远低于尿素价格，望广大用户注意。

关键词二：46%　许多用户可能不太清楚化肥袋上标注的这些养分的标识，要记清："N" 这个符号才代表"氮"，"磷" 一定要标注为 "P" 或者 "P_2O_5"，"钾" 一定要标注为 "K" 或者 "K_2O"。特别是复合肥还要看"总养分"，一定不能是"总有效成分"，凡是不按规范标注的都可能是假化肥。

众所周知，尿素的总氮含量≥46%，合格尿素的包装袋上会明确标注总氮或含氮量，如"N≥46.4%"或者"总氮≥46.4%"。凡是总氮含量低于46%的都不能称为"尿素"，应标为"氮肥"。像标注为总有效成分≥46%的；或者把硫、锌、锰等其他元素加起来算到含量里的，如"N·Zn·S≥46%"或者"N≥20%、S≥9%、Zn≥2%"的都不能标为"尿素"，只能标为"氮肥"（图4-10）。

市场上存在这么多"打擦边球"的"尿素"是什么原因呢？不外乎真尿素价格透明，利润低，需求量大，肥料经销商卖尿素不赚钱，

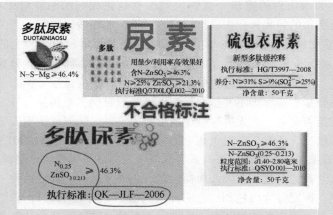

图 4-10 不正确尿素标识（三）

碰到市场波动大时甚至要赔钱销售。卖这些所谓的"尿素"，即使市场价比尿素价格低，也照样有不小的利润。再者抓住用户最近几年施肥量大的习惯，新型"尿素"虽然含氮量低，但最终效果还是有的，所以农民施到地里也分辨不出好坏。所以，这些"偷梁换柱"的"尿素"才能肆无忌惮地被大量销售。

第二节 肥料的简易识别

随着肥料市场的放开经营，假冒伪劣肥料在市场上时有出现，为了提高肥料用户的市场识别能力，减少坑农害农的现象发生，有必要学习一些肥料的简易识别知识。

一、肥料简易识别的方法

可以简单地将肥料的简易识别方法总结为直观识别、溶解识别、烧灼识别、碱性物质反应识别，可以简单地概括为一看、二闻、三溶、四烧。

1. 直观识别

直接用肉眼观察虽然是非常不准确的鉴别方法，但是在没有任何仪器、药品，且不掌握分析方法的情况下，凭经验和直观也可以对肥料的真伪做出初步判断。

（1）直观识别的方法　直观识别法就是凭我们的感官对肥料的色、味、态及肥料的包装和标识进行观察、对比，从而做出判断。

1）看肥料包装和标识。我国对肥料的包装材料和包装袋上的标识都有明确的规定：肥料的包装上必须印有产品的名称、商标、养分含量、净重、厂名、厂址、标准编号、生产许可证、肥料登记证号等标志。如果没有上述主要标志或标志不完整，就有可能是假冒伪劣肥料。另外，要注意肥料包装是否完好，有无拆封痕迹或重封现象，以防那些使用旧袋充装伪劣肥料的情况。还有，肥料包装上的标识要符合 GB 18382—2001 的要求。

2）看颜色。各种肥料都有其特殊颜色，据此可大体区分肥料和种类。氮肥除石灰氮为黑色，硝酸铵为棕、黄、灰等杂色外，其他品种一般为白色或无色；钾肥分为白色和红色两种（磷酸二氢钾为白色）；磷肥大多有色，有灰色、深灰色或黑灰色；硅肥、磷石膏、硅钙钾肥也为灰色，但有冒充磷肥的现象；磷酸二铵为灰白色或褐色。

3）闻气味。一些肥料有刺鼻的氨臭味或强烈的酸味，如碳酸氢铵有强烈的氨臭味，硫酸铵略有酸味，石灰氮有特殊的腥臭味，过磷酸钙有酸味，其他肥料无特殊气味。

4）看结晶状况。氮肥除石灰氮外，多为结晶体。钾肥为结晶体；磷酸二氢钾、磷酸二氢钾铵和一些微肥（硼砂、硼酸、硫酸锌、铁、铜肥）均为晶体；磷肥多为块状或粉状、粒状的非晶体。

（2）主要氮肥品种的直观识别

1）碳酸氢铵。白色、浅黄色、浅灰色细小结晶，结晶呈粒状、板状或柱状，易吸湿分解，有浓烈的氨臭味。

2）尿素。结晶型尿素为白色针状或棱柱状结晶，肥料级尿素一般为粒状，粒状尿素为半透明白色、乳白色或浅黄色颗粒，易吸湿。

3）硝酸铵。白色粉状晶体，产品有两种，一种为白色粉状结晶，另一种为白色或浅黄色颗粒，极易吸水自溶。

4）氯化铵。白色结晶或造粒呈白色球状，农用氯化铵允许带有微灰色或微黄色，易吸湿潮解。

（3）主要磷肥品种的直观识别

1）过磷酸钙。深灰色、灰白色或浅黄色的疏松粉状物。

2）重过磷酸钙。灰色或秋白色粉状。

3）钙镁磷肥。深灰色、灰绿色、墨绿色或棕色粉末，干燥。

4）磷酸氢钙。白色粉状结晶，肥料级磷酸氢钙呈米黄色或灰黑色。

（4）主要钾肥品种的直观识别

1）氯化钾。纯品为白色结晶体，农用氯化钾呈乳白色、粉红色或暗红色，不透明，稍有吸湿性。由苦卤制成的氯化钾常呈浅黄色小颗粒。

2）硫酸钾。白色或浅黄色细结晶，吸湿性小，不易结块。

3）磷酸二氢钾。白色或浅黄色结晶，吸湿性小。

4）硝酸钾。外观为白色，通常以无色柱状晶体或细粒状存在。

（5）复混肥料的直观识别　因原料和制作工艺不同，复混肥料为黑灰色、灰色、乳白色、浅黄色等多种颜色，但是，无论什么颜色，其外观均为小球形，表面光滑，颗粒均匀，无明显的粉料和机械杂质。一般造粒的复混肥料吸湿性小，即使有结块，也多不紧实。挤压成型的复混肥料，外观为短柱状。由于挤压造粒工艺较落后，目前肥料市场上挤压造粒的复混肥料已不多见。

（6）微量元素肥料的直观识别

1）七水硫酸锌。七水硫酸锌为无色斜方晶体，农用硫酸锌因含微量的铁而显浅黄色。由于生产工艺不同，其结晶颗粒大小不同。七水硫酸锌在空气中因部分失水，成为一水硫酸锌，变为白色粉状。无论是一水硫酸锌还是七水硫酸锌均不易吸水，久存不结块，都是很好的肥料。

2）硫酸锰。浅粉色细小结晶，在干燥空气中会因失去结晶水而呈白色，但不影响肥效。

3）硫酸铜。蓝色三斜晶体，一般硫酸铜含 5 个结晶水，失去部分结晶水后变为蓝绿色，失去全部结晶水则变为白色粉末，但均不影响肥效。

4）硫酸亚铁。为绿中带蓝色的单斜晶体，在空气中渐渐风化和氧化而呈黄褐色，这表明铁已由二价转变成三价。大部分作物不能直接吸收三价铁，为了避免硫酸亚铁的失效，应将其存放在密闭的容器中。

5）硼砂。化学名称为四硼酸钠。常见硼砂为短柱状晶体，其集合体多为粒状或皮壳状，呈鳞片形，白色，有时微带浅灰色、浅黄色、浅蓝色或浅绿色，有玻璃光泽。

6）硼酸。无色，微带珍珠光泽的三斜晶体或白色粉末。

7）钼酸铵。浅黄色或略带浅绿色的菱形晶体。

8）钼酸钠。白色晶体粉末。

2. 溶解识别

绝大部分肥料都可以溶于水，但其溶解度（在标准大气压和20℃的条件下，100 毫升水中能溶解的最大质量）不同，可以把肥料在水中的溶解情况作为判断肥料品种的参考。

（1）溶解识别的方法

1）溶解识别的主要用具。利用溶解法判断肥料品种需要准备一些用具，如玻璃烧杯（200～300 毫升）、小天平（称量 200～500 克）、量筒或量杯（100 毫升）、温度计（100℃）、三脚架、石棉网、酒精灯、95% 酒精（乙醇）、纯净水。为了将肥料磨成粉状，最好还备有玻璃研钵。

2）溶解识别的主要方法。

① 水溶法。如果通过外表观察不易认识肥料品种，则可根据肥料在水中的溶解情况加以区别。将一小匙肥料样品慢慢倒入装有半杯清洁凉开水的玻璃烧杯中，用玻璃棒充分搅动，静置一会儿观察：全部溶解的多为硫酸铵、硝酸铵、氯化铵、尿素、硝酸钾、硫酸钾、磷酸铵等氮肥和钾肥，以及磷酸二氢钾、磷酸二氢钾铵和铜、锌、铁、锰、硼、钼等微量元素单质肥料；部分溶解的多为过磷酸钙、重过磷酸钙、硝酸铵钙等；不溶解或绝大部分不溶解的多为钙镁磷肥、磷矿粉、钢渣磷肥、磷石膏、硅肥、硅钙肥等；绝大部分不溶于水，发生气泡，并闻到有"电石"臭味的为石灰氮。

② 醇溶法。大部分肥料都不溶于酒精，只有硝酸铵、尿素、磷酸钙等少数几个品种可在酒精中溶解。

根据肥料在酒精和水中的溶解情况，就可以对其成分做出初步判断。

（2）主要氮肥品种的溶解识别　从颜色上看，主要氮肥品种均为白色，但是在水中的溶解度有明显不同。在 20℃ 水中，每 100 毫升能溶解 100克以上的氮肥有硝酸铵、尿素、硝酸钙，这些肥料均能溶于酒精。每 100 毫升水能溶解 80 克以下的氮肥有碳酸氢铵、硫酸铵、氯化铵，这些肥料均不能溶于酒精。此外，肥料在水中溶解的多少与水的温度有关。温度高时溶解得多，温度低时溶解得少。为了便于用户了解不同氮肥的溶解情况，现将不同温度下 100 毫升水中能溶解肥料的量列于表 4-1 中。

表 4-1　不同氮肥的溶解情况　（单位：克/100 毫升）

肥料名称	水温			在酒精中溶解情况
	20℃	80℃	100℃	
碳酸氢铵	21	109	357	不溶
硫酸铵	75	95	103	不溶

（续）

肥料名称	水温			在酒精中溶解情况
	20℃	80℃	100℃	
氯化铵	37	80	100	微溶
硝酸铵	192	580	871	溶解
尿素	105	400	733	溶解
硝酸钙	129	358	363	溶解

检验的具体做法是：首先用量筒量取 100 毫升酒精放入烧杯中，将 1 克肥料投入酒精中，不断摇动，观察酒精中的肥料是否溶解。如果溶解，则可能是硝酸铵、尿素或硝酸钙；如果不溶解，则可能是碳酸氢铵、硫酸铵或氯化铵。然后，进一步进行检验。

如果是不溶于酒精的肥料，用量筒量取 10 毫升水放入烧杯中，用天平称取 2 克肥料放入水中，不停摇动，肥料溶解后再称 1.5 克肥料投入原肥料溶液中，不停摇动，若不能溶解，则说明这种肥料是碳酸氢铵。如果加入的 1.5 克肥料也能溶解，便再称 1.5 克肥料放入已经溶解了 3.5 克肥料的溶液中，如果不能继续溶解，则说明这种肥料是氯化铵；如果仍能溶解，就再称 3 克肥料继续投入已溶解 5 克的溶液中，经摇动不再继续溶解，则说明这种肥料是硫酸铵。

如果这种肥料溶于酒精，先用量筒量取 10 毫升水放入烧杯中，加入 10 克肥料，不停摇动，肥料溶解后再称 2 克肥料放入肥料溶液中，不停摇动，如果不再溶解，则说明这种肥料是尿素。如果溶解，再称 5 克肥料放入肥料溶液中，若不再溶解，则说明这种肥料是硝酸钙。如果仍能溶解，这种肥料是硝酸铵。

为了便于用户对上述操作过程能够更直观地了解，可参照氮肥检验方法示意图（图 4-11）。

此外，还可以根据表 4-1 提供的数据，采取变化水温的方法对上述结果进行验证，即先称取 20℃ 水温能溶解的质量，然后逐渐加热至 80℃ 或 100℃，观察是否能溶解相应温度时的质量。

（3）主要磷肥品种的溶解识别　磷肥与氮肥不同，在生产上是将磷矿石粉碎后加酸、加热，使磷矿中不容易被植物吸收的磷转化为容易被植物吸收的磷，因此常会有由矿石带来的杂质和化学反应中伴生的不溶解的化合物。此外，磷酸盐本身的溶解性也不如含氮化合物。所以，大部分磷

167

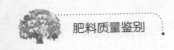

肥不能完全溶于水。采用水溶法判断磷肥品种远不如氮肥准确。

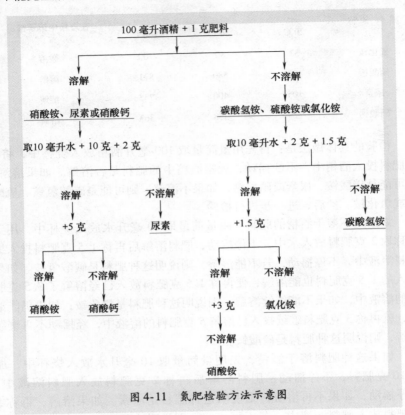

图 4-11 氮肥检验方法示意图

　　用溶解法检验磷肥的方法是：称 1 克肥料放入 20 毫升水中，不停摇动，观察溶解情况。如果可以在水中溶解一部分，则说明这种肥料可能是过磷酸钙或重过磷酸钙。溶解多、沉淀少的是重过磷酸钙；溶解少、沉淀多的是过磷酸钙。如果在水中几乎不溶解，则可能是钙镁磷肥或磷酸二钙，这两种肥料单纯依靠溶解的方法很难区分。

　　（4）主要钾肥品种的溶解识别 我国常用的钾肥品种是氯化钾和硫酸钾。硫酸钾不溶于酒精，氯化钾微溶于酒精。这两种肥料在水中的溶解度也不相同，用量筒量取 20 毫升水放入烧杯中，加入 4 克肥料，不停摇动，如果肥料完全溶解，则说明这种肥料是氯化钾；如果只溶解一部分，则肥料是硫酸钾。

（5）主要复合肥料的溶解识别

1）硝酸磷肥。硝酸磷肥是用硝酸分解磷矿粉然后加氨中和而得来的，其主要成分是硝酸铵、硝酸钙、磷酸一铵、磷酸二铵、磷酸一钙和磷酸二钙。这些主要成分中有些易溶于水，有些难溶于水。所以，尽管硝酸磷肥作为一个肥料品种，属于水溶性肥料，但是其溶解度不能用纯化合物的溶解度去衡量，所以无法用溶解法对其进行判别。

2）磷酸铵。包括磷酸一铵和磷酸二铵，这两种化合物水溶性都很好。每 100 毫升 25℃ 的水中可溶解磷酸一铵 41.6 克，或磷酸二铵 72.1 克。因此，可以用 20 毫升水加入 10 克肥料，能完全溶解的是磷酸二铵，不能完全溶解的是磷酸一铵。

3）硝酸钾和磷酸二氢钾。均不溶于酒精，常温下在水中的溶解度也相差不大。但水温升高后，两种肥料在水中的溶解度则有很大差别。其具体做法是：用量筒量取 20 毫升水放在烧杯中，加入 20 克肥料，缓慢加热并不停搅拌，当水温达到 80℃ 时，肥料若能完全溶解，则为硝酸钾，如果不能完全溶解，则为磷酸二氢钾。

（6）主要复混肥料的溶解识别　复混肥料是肥料和添加剂的混合物，添加剂大多不溶于水，所以复混肥料一般不能完全溶于水，也没有固定的溶解度。

复混肥料遇水会产生溶散现象，即颗粒崩散变成粉状。如放在水中，颗粒会逐渐散开，但是不会变成完全溶解的透明溶液。肥料颗粒的溶散速率能部分地反映养分的释放速率，不过也并不是溶散得越快，肥料质量就越好。因为造粒的复混肥料一方面要考虑氮、磷、钾养分的平衡与均匀，另一方面也要考虑降低肥料中养分的释放速率，以达到延长肥效的目的。因此，不能用肥料溶散的快慢作为衡量肥料质量的唯一标准。当然，如果颗粒状复混肥料在水中像小石子一样毫无变化，那么这样的肥料也不会是好肥料。

（7）微量元素肥料的溶解识别　一般不同的微量元素肥料都具有其特有的颜色，比较容易分辨。此外，不同的微量元素肥料在水中的溶解度也有很大不同（表4-2）。

3. 烧灼识别

（1）烧灼识别的方法　用烧灼法检验肥料，除需要有酒精灯外，还要准备 1 个铁片（铁片长 15 厘米左右、宽 2 厘米左右，最好装 1 个隔热的手柄）、吸水纸（最好是滤纸，剪成 1 厘米宽的纸条）、1 块木炭、1 把镊子。具体方法是：取少许肥料放在薄铁片或小刀上，或直接放在烧红的木炭上，观察现象。

表4-2　微量元素肥料的溶解度　（单位：克/100毫升）

肥料名称	水　温		
	20℃	80℃	100℃
硼酸	5.04	23.6	40.25
硼砂	2.56	31.4	52.5
硫酸锰	62.9	45.6	35.3
硫酸铜	32.0	83.8	114
硫酸锌	53.8	71.1	60.5
硫酸亚铁	48.0	79.9	57.3

（2）主要氮肥品种的烧灼识别

1）碳酸氢铵。用小铁片铲取少许肥料（约0.5克），在酒精灯上加热，产生大量白烟并有强烈的氨臭味，铁片上无残留物。

2）硫酸铵。用小铁片铲取约0.5克肥料在酒精灯上加热，可闻到一些氨臭味，肥料慢慢熔融并出现"沸腾"状，但是熔融物滞留在铁片上，不会很快挥发消失。用吸水纸吸饱硫酸铵溶液，晾干后在酒精灯上加热，纸片不燃烧而产生大量白烟。

3）氯化铵。用小铁片铲取约0.5克肥料在酒精灯上加热，肥料直接由固体变成气体或分解，没有先变成液体再蒸发的现象，发生大量白烟，有强烈的氨臭味和酸味，铁片上无残留物。

4）尿素。放在铁片上的少量尿素在酒精灯上加热时会迅速熔化，冒白烟，有氨臭味；撒在烧红的木炭上的固体尿素能够燃烧。

5）硝酸铵。在铁片上加热时，硝酸铵不燃烧，而是逐渐熔化出现沸腾状，冒出有氨臭味的烟。

6）磷酸钙。在铁片上加热时，磷酸钙能够燃烧，发出亮光，铁片上残留白色的氧化钙。

（3）主要磷肥品种的烧灼识别　无论是在铁片上加热还是撒在烧红的木炭上，磷肥均无明显变化。因此，无法用烧灼法识别磷肥。

（4）主要钾肥品种的烧灼识别　无论是硫酸钾还是氯化钾，在铁片上加热均无变化，将肥料撒在烧红的木炭上，会发出噼啪的声音，没有氨味。用吸水纸吸饱钾肥溶解，晾干后在酒精灯上燃烧，会发出紫红色的光。如果不是钾肥而是氯化钾（食盐），燃烧时会发出黄白色的光，可以此判别是不是钾肥。但是，硫酸钾、氯化钾两种肥料无法用烧灼法区分。

（5）复合肥料的烧灼识别 不是所有的复合肥料都可以用烧灼法分辨。

1）硝酸钾。将少量硝酸钾放在铁片上加热时，会放出氧气，这时如果将1根擦燃后熄灭但还带有红火的火柴放在上方，熄灭的火柴会重新燃起。

2）磷酸二氢钾。将磷酸二氢钾放在铁片上加热，肥料会熔化为透明的液体，冷却后凝固为半透明的玻璃状物质——偏磷酸钾。

（6）复混肥料的烧灼识别 复混肥料成分复杂，无法用烧灼法加以检验。

鉴别歌谣

鉴别化肥简易行，无锈铁片先烧红；化肥分别铁上放，各自表现不一样。

遇铁冒烟化成水，必是尿素无疑问；倘若只熔不冒烟，臭气难闻是碳铵；

一阵烟后出火星，这是硝铵显神通；铁上冒出紫红烟，吱吱微响是硫铵；

要想查找氯化铵，触铁气味似盐酸；普钙多为灰白色，置于红铁酸味浓；

放于红铁爆噼啪，无氨味者硫酸钾；复混肥料熔化慢，有机复混冒黑烟；

上述现象都不见，假冒上当受欺骗；及时联系质检局，合法权益要维护。

4. 碱性物质反应识别

（1）碱性物质反应识别的基本原理 铵盐与碱性物质反应会放出氨气，通过闻味或试纸颜色变化可以判断。

（2）碱性物质反应识别的基本方法 取少量肥料样品与等量的熟石灰或生石灰或纯碱等碱性物质加水搅拌，有氨臭味产生，或用湿润的广泛pH试纸检查放出的气体为碱性，则证明其为铵态氮肥或含铵的其他肥料。

通过上述 4 种简易识别方法，基本上可将肥料的类别区分开来，并且氮肥中常见的一些品种也能确定下来。但对磷肥某些品种还不能肯定，对钾肥也只能判断其类别，不能完全区分其品种。上述简易识别法，由于识别方法简单，某些现象的观察和确认还带有一定的经验性，特别是对初学者来说有一定的难度。因此，建议初学者在做上述识别试验时，最好有一个与待识别肥料同类的已知肥料作为对照样品。如果在识别某种肥料时，它根本不表现出上述某种肥料应具有的特征，那么供试肥料可能是假冒产品。

二、常见肥料的简易识别技术

根据肥料简易识别方法的原理，我们将生产中常用的几种肥料简易识别技术总结如下。

1. 尿素简易识别技术

（1）**基本特性** 市场中的尿素有两种：一是结晶尿素，呈白色针状或棱柱状结晶，吸湿性强；二是颗粒尿素，为粒径 2 ~ 3 毫米的白色半透明球状、丸粒，外观光洁，无粉末或少有粉末，无毒无味，手感冰凉且流动性好，易溶于水或酒精，水溶液呈弱碱性或中性反应。

（2）**简易识别** 一是外观识别，若肥料在袋内上下流动性好，呈白色半透明球状丸粒，外观光洁，无粉末或少有粉末，无味，手感冰凉，则是尿素；二是把肥料放在烧红的木炭或铁板上，能迅速熔化、冒白烟、有氨臭味的就是尿素。

2. 碳酸氢铵简易识别技术

（1）**基本特性** 碳酸氢铵为白色结晶，具有强烈的氨臭味，易溶于水，水溶液呈碱性，易吸湿结块。

（2）**简易识别** 该肥料常用内衬塑料薄膜加外套塑料袋紧密封装，封口质量好；白色结晶，袋内肥料常结块，流动性差；用小铁片铲取少许肥料放在烧红的铁片上，会发生大量白烟并有强烈的氨臭味，铁片上无残留物。用试纸测试其溶液，呈弱碱性。

3. 磷酸二铵简易识别技术

（1）**基本特性** 磷酸二铵为灰白色或深灰色颗粒，易溶于水，不溶于酒精；有一定吸湿性，水溶液呈弱碱性。

（2）**简易识别** 一是将肥料放在手心用力握紧或按压转动，手感有"油湿感"；二是看外包装袋的字迹是否清楚，缝口部是否整齐、严密，并附带有质监部门出具的检验报告；三是颗粒均匀，光滑且有光泽；四是用手研磨不易粉碎，有一定强度。

4. 过磷酸钙简易识别技术

（1）**基本特性**　过磷酸钙的外观呈灰色、灰白色或浅黄色疏松状物，吸湿后易结块，掰开块状物可见其中有许多细小的气孔，俗称"蜂窝眼"，有酸味，具有腐蚀性。

（2）**简易识别**　一是看外观，真品多为灰色、灰白色或浅黄色疏松状物；二是闻，真品一般有酸味；三是手摸，真品有一定的腐蚀性；四是将肥料放入人粪尿中，粪尿表面产生大量气泡，俗称"冒泡子的磷肥"。

5. 钙镁磷肥简易识别技术

（1）**基本特性**　真品外观为灰色或灰黑色粉末，不溶于水，不吸潮，流动性极好，无毒无腐蚀性。

（2）**简易识别**　一是看包装，即产品名称、商标、养分及含量、净重、执行标准号、生产许可证号、厂名、厂址等是否齐全，且印刷正规、清晰；二是看颜色及形状，真品为灰白色或浅绿色或墨绿色或黑褐色的粉末状；三是凭手感，即无腐蚀性、不吸潮、不结块、流动性极好；四是气味及水溶性，即在烧红的铁片上无变化，没有气味，不溶于水。

6. 硫酸钾简易识别技术

（1）**基本特性**　真品外观为灰白色或黄白色或浅红色结晶粉状，质重而坚硬，味咸而苦，微溶于水，不吸湿。

（2）**简易识别**　一是烧灼鉴别，将产品放在烧红的铁片上会出现黄紫色火焰；二是看溶解性，硫酸钾能够少量溶解于水；三是看酸碱性，优等品和一等品的硫酸钾呈酸性。

7. 氯化钾简易识别技术

（1）**基本特性**　真品外观多为红白杂色或白色结晶，颗粒状，但以晶体为主，有少量粉末，吸湿性小，溶于水。

（2）**简易识别**　一是看养分，真品或一等品的氧化钾含量≥60%；二是看溶解性，真品氯化钾在溶解过程中保持原色，不褪色；三是烧灼鉴别，在烧红的铁片上，产品不熔融、无气味，但产生蹦跳现象，出现浅黄色火焰；四是看价格，假氯化钾价格明显低于市场价格。

8. 磷酸二氢钾简易识别技术

（1）**基本特性**　真品外观为无色四方晶体或白色结晶粉末，无毒无味，一级品多无杂质，极易溶于水。

（2）简易识别　一是看标识，有些标注"磷酸二氢钾铵""高效复合肥Ⅰ型"等的产品都是假的；二是看溶解性，用一个透明的瓶子装满小苏打（碳酸氢钠）水，加入少量磷酸二氢钾，如果有剧烈泡沫而无臭味，说明该产品是真品；三是烧灼鉴别，将磷酸二氢钾放在铁片上加热，肥料会熔化为透明的液体，冷却后凝固为半透明的玻璃状物质。

9. 农用硫酸锌简易识别技术

（1）基本特性　农用硫酸锌外观为白色或微带颜色的针状结晶，易溶于水，水溶液呈酸性。

（2）简易识别　一是看标识，真品一般有"农用硫酸锌"字样，含锌复合微肥要有农业农村部的肥料登记证号，如果标注"铁锌肥""镁锌肥"等肥料，一般主要成分是硫酸亚铁或硫酸镁，锌含量极低；二是看外观，真品外观为白色或微带颜色的针状结晶；三是看溶解性，真品能快速溶于水，水溶液呈酸性。

10. 进口颗粒硼肥简易识别技术

（1）基本特性　真品外观为纯白色，颗粒状。

（2）简易识别　一是看外观，真品为纯白色；二是用手捏，进口颗粒硼肥，经造粒后，非常坚固，手指捏不散；三是看价格，假的颗粒硼肥，价格很低。

11. 农用硫酸铜简易识别技术

（1）基本特性　真品外观为三斜晶系结晶，蓝色。若含杂质钠、镁等，其颜色逐渐变浅；若含杂质铁，其颜色为黄绿色、蓝绿色或浅绿色等。

（2）简易识别　一是看外观，真品为蓝色结晶；二是烧灼鉴别，用打火机烧灼后，产品失水变成白色，冷却后又变成蓝色，则为真品。

12. 复混肥料简易识别技术

（1）基本特性　复混肥料的总养分含量要求为低浓度≥25.0%、中浓度≥30.0%、高浓度≥40.0%（总养分是指 $N + P_2O_5 + K_2O$ 的总量，不包括其他养分和微量元素），外观一般为圆形颗粒，颜色为灰白色、灰色、深灰色和灰黑色等，有一定吸湿性，吸潮后颗粒易粉碎，无毒无味。

（2）简易识别　一是看包装，真品为双层包装，包装袋上有肥料登记证号、养分含量、企业名称和地址、生产许可证号等，包装袋内有产品合格证；二是用手摸，用手抓一把肥料进行揉搓，手上留有一层灰白色粉末并有黏着感，或者摸其颗粒，可见细小白色晶体的都表明该产品质量优良；三是烧灼鉴别，将肥料放在烧红的铁片上，有氨臭味说明有氮，出现黄紫色火焰说明有钾，且氨臭味越浓，黄紫色火焰越紫，表明氮、钾含量高；四是闻，复混肥料一般无异味；五是看溶解性，优质复混肥料的水溶性好，在水中绝大部分能溶解，即使有少量沉淀也较细小。

总之，化学肥料的简易识别方法只能定性地进行肥料鉴定，不能说明肥料质量的优劣，故广大用户在购买肥料时应选择信誉好的大生产厂家的产品或已经在农业生产中应用且效果明显的肥料，如果发现肥料有质量问题，应与当地质检部门联系，以减少生产损失，维护自己的合法权益。

 # 第三节　肥料的定性鉴定

肥料出厂时在包装上一般标明该肥料的名称、有效成分含量和厂家，但在运输或贮存过程中，有时因包装损坏或转换容器而混杂。为此，需对混杂的肥料进行定性鉴定，以利于合理贮存和施用。

一、肥料定性鉴定的方法

各种肥料都有其特殊的外表形态、物理性质和化学性质，因此，可以通过外表观察、在水中的溶解度、在火上烧灼的反应和化学分析检验等方法，鉴定出肥料的种类、成分和名称。

二、肥料定性鉴定的流程

肥料定性鉴定的流程可参见图 4-12。

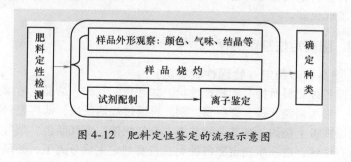

图 4-12　肥料定性鉴定的流程示意图

三、肥料定性鉴定的物质准备

1. 试剂配制

（1）**10％盐酸**　每升水溶液中含相对密度为 1.19 的盐酸 237 毫升。

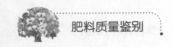

(2) 1%盐酸　由10%盐酸稀释10倍而成。

(3) 10%氢氧化钠溶液　10克氢氧化钠溶于100毫升水中。

(4) 5%草酸溶液　5克草酸溶于100毫升水中（可加热促溶）。

(5) 1%二苯胺溶液　1克二苯胺溶于100毫升浓硫酸中。

(6) 钼酸铵硝酸溶液　将15克钼酸铵溶于100毫升蒸馏水中得到的钼酸铵溶液倒入100毫升相对密度为1.2的硝酸溶液中，不断搅动至最初生成的白色钼酸沉淀溶解后，放置24小时备用。若有沉淀可用倾泻法除去。

(7) 奈氏试剂（或钠氏试剂）　将45.5克碘化汞和35.0克碘化钾溶于少量水中，转入1升容量瓶，加112克氢氧化钠，加水至800毫升，混合冷却，稀释至1升，放置几天，吸取上清液备用。

(8) 2.5%氯化钡溶液　2.5克氯化钡溶于100毫升水中。

(9) 氯化亚锡溶液　将10克二水氯化亚锡（$SnCl_2 \cdot 2H_2O$）溶于25毫升浓盐酸（HCl）中，使用前吸2毫升稀释至66毫升（宜新鲜配制）。

(10) 1%硝酸银溶液　1克硝酸银（$AgNO_3$）溶于适量水中，加10毫升浓硝酸，再加水至100毫升。

(11) 0.5%硫酸铜溶液　0.5克硫酸铜溶于100毫升水中。

(12) 3%四苯硼钠　3克四苯硼钠溶于100毫升水中。

(13) 镁试剂　0.1克地旦黄溶于100毫升50%甲醇溶液中。

2. 主要仪器设备

进行肥料定性鉴定时会用到煤炉或火盆、酒精灯、烧杯、试纸、试管及一般玻璃仪器。

四、肥料定性鉴定的程序

1. 肥料初步判定（物理性状鉴定）

根据各种肥料所特有的物理性状，如颜色、气味、结晶、溶解度、酸碱性等，来区别氮、磷、钾所属类别。再通过烧灼反应，即将肥料在红热的木炭或铁板上烧灼，视其分解与否、分解快慢、烟气颜色、烟气气味及一些特有性状，进一步判定肥料种类。若要判定主成分离子，必须借助于化学试剂，以检出 SO_4^{2-}、Cl^-、NO_3^-、CO_3^{2-}、Ca^{2+}、K^+、NH_4^+ 等。

2. 化学鉴定

在进行初步判定的基础上利用肥料具有的化学性质做进一步定性鉴定。

176

（1）加碱反应　对于易溶于水的肥料，可取肥料溶液2～3毫升放于试管中，加0.5～1克/毫升氢氧化钠溶液（或石灰水）1～2毫升，加热，若有氨臭味逸出，便将湿润的红色石蕊试纸置于试管口，如果红色石蕊试纸变为蓝色，则证明是氮肥。硫酸铵、氯化铵、硝酸铵与碱反应会放出氨，要区别这三种肥料，可再取肥料溶液1～2毫升，分别加0.1克/毫升硝酸银4～6滴，有白色絮状沉淀生成者为氯化铵；再取肥料溶液，分别加入0.5克/毫升氯化钡4～6滴，有大量白色沉淀生成者为硫酸铵；分别加两种试剂均无沉淀者为硝酸铵。

（2）加酸反应　对于微溶或难溶于水的化肥，可取少量样品，放于比色盘或试管中，加1克/毫升盐酸溶液1～2毫升，观察有无气泡发生。若有气泡并形成黑色泡沫者为石灰氮，只有气泡产生的为石灰肥料。

（3）肥料样品中阴、阳离子的鉴定　取少量肥料样品溶于适量水中，供鉴定用。

1）NH_4^+鉴定。取待鉴定的肥料液体约1毫升于试管中，加5滴10%氢氧化钠，在酒精灯上加热，有氨臭味产生且能使湿润的红色石蕊试纸变蓝，表示有NH_4^+。或取3～5滴肥料溶液在白瓷比色板凹穴中，加1滴奈氏试剂后出现橘黄色沉淀，则证明有NH_4^+。在这两种方法中发生的反应分别如下：

$$NH_4^+ + OH^- \longrightarrow NH_3 \cdot H_2O \longrightarrow NH_3 \uparrow + H_2O$$
$$NH_4^+ + 奈氏试剂 \longrightarrow 橘黄色沉淀 \downarrow$$

2）K^+鉴定。取待鉴定肥料溶液1毫升，加入10滴10%氢氧化钠，于酒精灯上充分加热，以去除可能存在的NH_4^+，否则NH_4^+也会与四苯硼钠作用产生白色沉淀。冷却后，加2滴3%四苯硼钠，如果有白色沉淀，则表示有钾存在。将试管静置，使沉淀物逐渐累积在试管底部，缓慢将上清液倒掉，加入丙酮后摇动，沉淀物溶解。

$$K^+ + Na[B(C_6H_5)_4] \longrightarrow K[B(C_6H_5)_4] \downarrow （白色） + Na^+$$

3）Ca^{2+}的鉴定。取1毫升待鉴定肥料溶液，加2滴5%草酸溶液，若有白色沉淀产生，则表示有Ca^{2+}存在。

$$Ca^{2+} + C_2O_4^{2-} \longrightarrow CaC_2O_4 \downarrow$$

4）Mg^{2+}的鉴定。取2滴待鉴定肥料溶液置于白瓷比色板凹穴中，加4滴10% NaOH，再加2滴镁试剂，若有砖红色沉淀产生，则表示有Mg^{2+}存在。

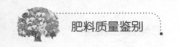

$$Mg^{2+} + 2OH^- \longrightarrow Mg(OH)_2\downarrow$$
$$地旦黄 + Mg(OH)_2 \longrightarrow 砖红色沉淀$$

5) Cl^- 的鉴定。取 1 毫升待鉴定肥料，加 1 滴 1% 硝酸银试剂，如果有白色沉淀产生，则再加入 5 滴稀硝酸（浓硝酸：水 = 1:2），沉淀也不溶解，表示有 Cl^- 存在。

$$Cl^- + Ag^+ \longrightarrow AgCl\downarrow$$

6) SO_4^{2-} 的鉴定。取 1 毫升待鉴定肥料，加 1 滴 2.5% 氯化钡溶液，产生白色沉淀后，再加 1% 盐酸时，沉淀也不再溶解，表示有 SO_4^{2-} 存在。

$$SO_4^{2-} + Ba^{2+} \longrightarrow BaSO_4\downarrow$$

7) PO_4^{3-} 的鉴定。取 1 毫升待鉴定肥料，加入 2~3 滴钼酸铵溶液，摇匀，再加入 2 滴氯化亚锡，若有蓝色产生，表示有 PO_4^{3-} 存在。

$$PO_4^{3-} + MoO_4^- + H^+ [PMo_{12}O_{40}]^{3-}（磷钼杂多酸根）\longrightarrow (MoO_2 \cdot 4MoO_3) \cdot$$
$$H_3PO_4 + SnCl_2 \longrightarrow 磷钼杂多蓝$$

或者取 12 克样品，加 10 毫升水及 10 毫升 6 摩尔/升的硝酸，摇动，加热促使其溶解，过滤。取部分滤液（约 3 毫升），加 5~6 滴钼酸铵溶液，有黄色沉淀生成时，说明有 PO_4^{3-} 存在，说明是磷肥。

8) NO_3^- 的鉴定。取 2~3 滴待鉴定肥料溶液置于白瓷比色板凹穴中，加 2 滴 1% 二苯胺，若出现蓝色，则表示有 NO_3^- 存在。

$$二苯胺 + H_2 \longrightarrow 缩二苯胺氧化物（蓝色）$$

也可用硝酸试粉检查，取 2~3 滴待鉴定肥料溶液置于白瓷比色板中，加一小匙硝酸试粉，出现粉红颜色则表示有 NO_3^- 存在。

9) HCO_3^- 鉴定。取 2 毫升待鉴定肥料液，加入 10 滴 10% 盐酸（HCl），若有气泡产生，则表示有 HCO_3^- 或 CO_3^{2-} 存在。

$$HCO_3^- + H^+ \longrightarrow H_2CO_3 \longrightarrow CO_2\uparrow + H_2O$$

10) 尿素的鉴定。

方法一：取 1 克尿素样品加入试管中，加 1 毫升水使其溶解后再加 20 滴浓硝酸，混合均匀后放置冷却 5~10 分钟，若有白色结晶产生就证明存在尿素。

方法二，取 1 克尿素样品放入试管中，在酒精灯上加热使其熔化，稍冷却，加入 2 毫升蒸馏水及 1 克/毫升氢氧化钠溶液 5 滴，溶解后，再加入 0.05 克/毫升硫酸铜溶液 3 滴，若出现紫色，也证明是尿素。

一般将阳离子分别鉴别出来以后，就可知道未知肥料的成分和品种。

提示

3. 未知肥料的定性鉴别

　　有些肥料在外观颜色、结晶形状等方面有很多相似之处，在运输、贮存过程中，因标识磨损而辨认不清或缺乏必要的说明，便无法确定是哪一种肥料。这时如果盲目施用会给农业生产带来损失，同时也会造成肥料资源的浪费。因此，有必要对未知肥料进行定性鉴别。未知肥料的定性鉴别检索表，见表4-3。

表4-3　未知肥料的定性鉴别检索表

　1. 肥料在水中完全溶解或几乎完全溶解

　　2. 肥料溶液与氢氧化钠溶液混合产生氨气

　　　3. 肥料溶液与硝酸银溶液起作用生成沉淀，这种沉淀不溶于硝酸

　　　　4. 沉淀颜色为黄色——磷酸一铵或磷酸二铵

　　　　4. 沉淀颜色为白色。干燥的肥料在烧红的木炭上不产生爆裂声，但发出白烟且有氨臭味和盐酸味——氯化铵

　　　3. 肥料溶液与硝酸银溶液起作用不生成沉淀，可能出现浑浊现象

　　　　4. 肥料溶液与氯化钡溶液作用生成白色沉淀，沉淀不溶于稀盐酸和乙酸

　　　　　5. 干燥的肥料在铁片上加热不熔化，将其投入烧红的木炭上不燃烧，但发出氨臭味——硫酸铵

　　　　　5. 干燥的肥料在烧红的木炭上不燃烧，但发生爆裂声——硫酸钾

　　　　4. 肥料溶液与氯化钡溶液作用不产生白色沉淀，但可能出现浑浊现象

　　　　　5. 干燥的肥料在烧红的木炭上迅速熔化、沸腾，发出带有氨味的白烟——硝酸铵

　　　　　5. 干燥的肥料在烧红的木炭上发出咝咝声而燃烧，火焰为紫色——硝酸钾

　　2. 肥料溶液与氢氧化钠溶液混合不产生氨气

　　　3. 肥料溶液与硝酸银溶液起作用生成白色乳状沉淀，这种沉淀不溶于稀硝酸

　　　　4. 细小白色或暗红色结晶，干燥不吸湿——氯化钾

　　　　4. 白色细结晶或污白色晶块，具有吸湿性——食盐

　　　3. 肥料溶液与磷酸银溶液作用不生成沉淀，但出现浑浊现象

　　　　4. 肥料溶液与草酸铵作用生成白色沉淀，干燥的肥料在烧红的木炭上熔化并且燃烧发亮，最后留下白色的石灰——硝酸钙

　　　　4. 肥料溶液与草酸铵作用不生成白色沉淀，但可能出现浑浊现象。干燥的肥料在铁片上烧灼或在烧红的木炭上燃烧时，产生一种很易辨别的氨臭味——尿素

　1. 肥料在水中几乎不溶解或溶解不显著

（续）

2. 干燥的肥料为白色

3. 将肥料放入试管中加水 10～15 毫升，用玻璃棒搅动 5 分钟后静置，加入硝酸银溶液，上层出现黄色沉淀——磷酸氢钙

3. 将肥料放入试管中加水 10～15 毫升，用玻璃棒搅动 5 分钟后静置，加入硝酸银溶液，上层沉淀不是黄色——硫酸钙

2. 干燥的肥料不是白色

3. 肥料为浅灰色或灰色，有酸味，浸出液呈酸性反应——过磷酸钙

3. 肥料为深灰色，其浸出液与氯化钡溶液产生明显沉淀；在水溶液中加入硝酸银溶液也出现浑浊——硫酸钾·镁肥（$K_2SO_4 \cdot 2MgSO_4$）。

第四节　常用肥料的鉴别

一、氮素肥料的鉴别

1. 尿素的农化性质与鉴别

（1）农化性质　尿素是一种高浓度氮肥，属中性速效肥料，也可用于生产多种复合肥料，在土壤中不残留任何有害物质，长期施用没有不良影响。尿素是有机态氮肥，经过土壤中的脲酶作用，水解成碳酸铵或碳酸氢铵后，才能被作物吸收利用。因此，尿素要在作物的需肥期前 4～8 天施用。

（2）简易识别

1）颜色和形态。肥料尿素一般为粒状，粒状尿素为半透明白色、乳白色或浅黄色颗粒。

2）气味。无特殊气味。经碱水法检验，即取少许肥料样品放入石灰水中，闻不到氨臭味的为真尿素；能闻到氨臭味的是其他肥料或掺入了其他物质的氮素肥料。

3）溶解性。尿素完全溶于水。

4）烧灼鉴别。尿素晶粒在烧红的木炭上迅速熔化，但不燃烧，只产生氨臭味、白烟。点燃几块木炭，或将铁片或瓦片用火烧红，将少许尿素样品放在其上烧灼，冒出白烟、有刺鼻的氨臭味、同时很快化成水的为真尿素；若烧灼时看到轻微沸腾状，且发生"吱吱"响声，则表明掺有硫酸铵，为劣品；若散发出盐酸味，则表明其中掺有氯化铵；若烧灼时出现轻微火焰，则其中掺混了硝酸铵；如果样品在烧灼前就有较强的臭味（氨气），说明尿素中掺有碳酸氢铵；若烧灼时发出噼噼啪啪的爆炸声，又有轻微的氨臭味，说明掺有食盐。

（3）定性鉴定 称取 0.5 ~ 1 克肥料样品，放在干燥的坩埚内，加热使其熔化成液体，液体透明，有氨味放出。若用湿润的 pH 试纸放在坩埚上方，试纸变为蓝色（呈碱性反应）。将熔化物继续加热，液体逐渐由透明变得浑浊，说明尿素开始变成缩二脲。待坩埚冷却后，加入10 毫升水和 0.5 毫升 20% 氢氧化钠溶液，熔融物溶解后，加 1 滴硫酸铜溶液，即呈现紫红色。

2. 硫酸铵的农化性质与鉴别

（1）农化性质 将硫酸铵施于土壤中，会使土壤溶液变酸，属化学酸性、生理酸性肥料。硫酸铵是一种速效氮肥，含氮量约为21.0%，还含有25%硫，也是一种重要的硫肥。硫酸铵可用作基肥、追肥和种肥，适于各种作物。因其物理性状好，特别适于用作种肥，但用量不宜过大。

（2）简易识别

1）颜色和形态。白色或浅灰色结晶体。

2）气味。无特殊气味，与纯碱面相混合会有氨臭味。

3）溶解性。易溶于水。

4）烧灼鉴别。在烧红的木炭上缓慢熔化、不燃烧、冒白烟、有氨臭味。用肥料溶液浸润的纸条晾干后，不易燃烧，只发生白烟。取少许样品放在烧烫的铁片或瓦片上，既不熔化也不燃烧，能闻到氨臭味。铁片上有黑色痕迹，即证明为硫酸铵，否则为伪劣产品。

（3）定性鉴定

1）铵离子的检验。在 1 支试管中加入 10 毫升水，取肥料样品 0.5 ~ 1克放入水中，加入 1 ~ 2 粒氢氧化钠溶解、摇匀，在酒精灯上加热即会产生氨气。用湿润的 pH 试纸放在试管口上，试纸显蓝色（呈碱性反应）。

2）硫酸根的检验。在 1 支试管中加入 10 毫升水，取肥料样品 0.5 ~ 1克放入水中溶解后，加几滴稀盐酸摇匀，再加入几滴氯化钡溶液，稍摇动，即产生白色的硫酸钡沉淀。若与奈氏试剂相遇会产生黄色沉淀。

3. 硝酸铵的农化性质与鉴别

（1）农化性质 含氮35%（其中铵态氮、硝态氮各占一半），是一种速效性氮肥。硝酸铵极易潮解，贮运时应注意防潮，一般应尽量在雨季前用完。具有助燃性和爆炸性，不能与易燃物存放在一起。硝酸铵宜用作追肥，一般不用作基肥，也不能用作种肥。

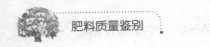

（2）简易识别

1）颜色和形态。白色或黄色或黄白色结晶（粒状）。

2）气味。无味，与纯碱面相混合会产生氨臭味，在其水溶液中加碱时也会产生氨臭味。

3）溶解性。能完全溶于水。

4）烧灼鉴别。取少许样品放在烧红的铁板上，立即熔化、出现沸腾状，熔化快结束时可见火光，冒大量白烟，有氨臭味、鞭炮味，则证明是硝酸铵。否则为伪劣产品。真肥料的晶粒在烧红的木炭上迅速熔化、沸腾，并发生氨臭味的白烟。用该肥料溶液浸透的纸条晾干后易燃，冒白烟并发亮。

（3）定性鉴定

1）铵离子的检验。在1支试管中加入10毫升水，取肥料样品0.5～1克放入其中，再加入1～2克氢氧化钠（严禁用手拿）溶解、摇匀，在酒精灯上加热即会产生氨气。将湿润的 pH 试纸放在试管口上，试纸显蓝色（呈碱性反应）。

2）硝酸根的检验。在1支试管中加入10毫升水，取肥料样品0.5克放入其中，溶解、摇匀、过滤。取滤液4毫升放入另一试管中，加1毫升乙酸—铜离子混合试剂，摇匀，加一小勺磷酸试粉（0.1～0.2克），摇动后溶液立即呈现紫红色。

3）其他特征。与奈氏试剂相遇产生黄色沉淀。取少许肥料产品溶于水，再将此溶液倒入白色瓷皿或白底碗中，加入4滴二苯胺溶液，变成蓝色的为真品。反之，则为伪劣产品。

4. 氯化铵的农化性质与鉴别

（1）农化性质　含氮量为24%～25%，是一种速效氮肥。易溶于水，水溶液呈弱酸性反应，在土壤中铵被作物吸收后，残留下的氯离子，能使土壤溶液变酸，属化学酸性、生理酸性肥料。对某些"忌氯作物"如甘薯、马铃薯、甜菜、甘蔗、亚麻、烟草、葡萄、柑橘、茶树等，氯化铵不宜施用，否则对其品质有不良影响。氯化铵可用作基肥和追肥，但不能用作种肥，以免影响种子发芽及幼苗生长。

（2）简易识别

1）颜色和形态。氯化铵的外观同食盐差不多，为白色或略带黄色的结晶，有咸味。

2）气味。无味，与纯碱面相混合会产生氨臭味，在其水溶液中加碱时也会产生氨臭味。

3）溶解性。能完全溶于水。

4）烧灼鉴别。将少量氯化铵放在火上加热，可闻到强烈的刺激性气味，并伴有白色烟雾，氯化铵迅速熔化并全部消失，在熔化过程中可见到未熔部分呈黄色。

（3）定性鉴定

1）铵离子的检验。在 1 支试管中加入 10 毫升水，取肥料样品 0.5～1克放入其中，加入 1～2 克氢氧化钠（严禁用手拿）溶解、摇匀，在酒精灯上加热即会产生氨气。将湿润的 pH 试纸放在试管口上，试纸显蓝色（呈碱性反应）。

2）氯离子的检验。在 1 支试管中加水 10 毫升，取肥料样品 0.5～1克放入其中溶解，加入几滴稀硝酸摇匀，再加入几滴硝酸银溶液，摇动，即产生氯化银白色沉淀。

5. 农业用碳酸氢铵的农化性质与鉴别

（1）农化性质 含氮 16.5%～17.5%，是速效性氮肥。其水溶液呈碱性反应，为化学碱性、生理中性肥料。在不同类型的土壤上（潮土、红壤和水稻土）与其他氮肥品种比较，土壤对铵的吸附量较碳大。在土壤溶液中碳酸氢铵解离，生成 HCO_3^-，还能以 CO_2 的形式为作物提供碳源，碳酸氢铵由于不残留酸根，长期施用对填充性质无不良影响。碳酸氢铵可用作基肥和追肥，但不能用作种肥。

（2）简易识别

1）颜色和形态。为白色松散的结晶，由于其水分含量高，外观上显出现潮湿感，当水分超过 5% 以上时，碳酸氢铵有结块现象，故盛碳、铵的容器壁上易附着产品，并有细水珠存在。

2）气味。有特殊的氨臭味，易挥发，刺鼻且熏眼。强烈的氨臭味是区别于其他固体无机氮肥的主要标志。在进行简易鉴别碳酸氢铵时，可用手指拿少许样品进行摩擦，即可闻到较强的氨味。

3）溶解性。吸湿性强，易溶于水，水溶液呈弱酸性。将肥料溶于水，如果手摸有滑腻感，即为碳酸氢铵；若没有滑腻感，则为其他肥料。

4）烧灼鉴别。将肥料放在烧红的木炭上，如果立即分解，并产生氨臭味，则为碳、铵。

（3）定性鉴定

1）铵离子的检验。在 1 支试管中加入 10 毫升水，取肥料样品 0.5～1

克放入水中，加入 1 ~ 2 克氢氧化钠（严禁用手拿）溶解、摇匀，在酒精灯上加热即会产生氨气。将湿润的 pH 试纸放在试管口上，试纸显蓝色（呈碱性反应）。

2）碳酸氢根的检验。在 1 支试管中加入 10 毫升水，取肥料样品 0.5 ~ 1 克放入水中，溶解后再加硫酸镁溶液 5 毫升。在常温下不产生沉淀，但在酒精灯上加热后，会出现碳酸镁白色沉淀。

3）与酸反应试验。将肥料溶于水，将食用醋酸倒入上述水溶液中，若气泡产生，即为碳酸氢铵。

二、磷素肥料的鉴别

磷肥与氮肥不同，氮肥都是水溶性的，而磷肥分为水溶性磷和枸溶性（柠檬酸中溶解）磷，二者对植物生长均是有效的。所以，在磷肥的检验中既要检验水溶性磷也要检验枸溶性磷。

具体的检验方法是：取肥料样品 0.5 ~ 1 克放入试管或烧杯内，加水 15 ~ 20 毫升，用玻璃棒搅动数分钟后过滤。取 5 毫升滤液放入试管中，加入钼酸铵硝酸溶液 2 ~ 3 毫升，观察有无黄色沉淀析出。如果有黄色沉淀，则表明肥料中含有水溶性磷；如果没有黄色沉淀，则表明没有水溶性磷，但不能证明没有枸溶性磷。因此，需要再进行枸溶性磷检验。取肥料样品 0.5 ~ 1 克放入试管或烧杯内，加 2% 柠檬酸溶液 15 ~ 20 毫升，用玻璃棒搅动数分钟后过滤，取 5 毫升滤液放入试管中，加入钼酸铵硝酸溶液 2 ~ 3 毫升并搅动，再观察有无黄色沉淀产生。如果有黄色沉淀，则表明肥料中含有枸溶性磷。如果上述两种试验均无黄色沉淀产生，则表明这个肥料中没有有效磷。

1. 过磷酸钙的农化性质与鉴别

（1）农化性质　过磷酸钙含有效五氧化二磷（P_2O_5）12% ~ 20%（其中 80% ~ 95% 溶于水），属于水溶性速效磷肥，可直接用作磷肥，也可作为复合肥料的配料，供给植物磷、钙、硫等元素，具有改良碱性土壤的作用。过磷酸钙可用作基肥、根外追肥、叶面喷洒，与氮肥混合使用，有固氮作用，可减少氮的损失；能促进植物发芽、根系生长、分枝、结实及成熟。

（2）简易识别

1）颜色和形态。外观为深灰色、灰白色、浅黄色等疏松粉状物，块状物中有许多细小的气孔，俗称"蜂窝眼"。

2）气味。稍带酸味。

3）溶解性。一部分能溶于水，水溶液呈酸性。

4）烧灼鉴别。在火上加热时，可见其微冒烟，并有酸味。

（3）定性鉴定

1）磷的检验。过磷酸钙是水溶性磷肥，磷的检验按水溶性磷的方法进行检验，产生黄色沉淀后可加入氢氧化钠溶液或氨水并搅动，黄色沉淀便溶解。

2）硫酸根的检验。取肥料样品 0.5～1 克放入烧杯中，加入约 15 毫升稀盐酸，加热，过滤，取滤液 5 毫升放入试管中，加入 4～5 滴氯化钡溶液，即有大量白色沉淀析出。

3）钙离子的检验。在试管中加入 10 毫升水，取肥料样品 0.5～1 克，在水中溶解后，加入 0.2 克固体草酸铵和 4～5 滴氨水，摇动，产生白色草酸钙沉淀。加 5 滴乙酸，白色沉淀不溶解。

2. 重过磷酸钙的农化性质与鉴别

（1）农化性质 重过磷酸钙的有效施用方法与普通过磷酸钙相同，可用作基肥或追肥。因其有效磷含量比普通过磷酸钙高，故其施用量根据需要可以按照五氧化二磷含量，参照普通过磷酸钙的用量适量减少。重过磷酸钙属微酸性速效磷肥，是目前广泛使用的有效磷浓度最高的单一水溶性磷肥，肥效高，适应性强，具有改良碱性土壤的作用，主要供给植物磷元素和钙元素等，促进植物发芽、根系生长、植株发育、分枝、结实及成熟。可用作基肥、种肥、根外追肥、叶面喷洒及生产复混肥料的原料，既可以单独使用，也可与其他养分混合使用，若与氮肥混合使用，具有一定的固氮作用。

（2）简易识别

1）颜色和形态。外观呈深灰色或灰白色的颗粒或粉末状。

2）气味。微酸性。

3）溶解性。微溶于冷水。

4）烧灼鉴别。在火上加热时，可见其微冒烟，并有酸味。

（3）定性鉴定

1）磷的检验。与过磷酸钙中磷的检验方法相同。

2）硫酸根的检验。按过磷酸钙中硫酸根的检验方法，也应生成白色沉淀。但是，一般商品重过磷酸钙均只产生少量或微量白色结晶。因此，可以用产生白色沉淀的多少来区别是过磷酸钙还是重过磷酸钙。

3. 钙镁磷肥的农化性质与鉴别

（1）农化性质　钙镁磷肥含磷量为8%～14%，还含有镁和少量硅等元素。镁对叶绿素的形成有利，硅能促进作物纤维组织的生长，使植物有较好的防止倒伏和病虫害的能力。钙镁磷肥不溶于水，无毒，无腐蚀性，不吸湿，不结块，为化学碱性肥料。它广泛地适用于各种作物和缺磷的酸性土壤，特别适用于南方钙镁淋溶较严重的酸性红壤土。最适于用作基肥深施。钙镁磷肥施入土壤后，其中磷只能被弱酸溶解，要经过一定的转化过程，才能被作物利用，所以肥效较慢，属缓效肥料。一般要结合深耕，将肥料均匀地施入土壤，使它与土层混合，以利于土壤酸对它的溶解，并利于作物对它的吸收。

（2）简易识别

1）颜色和形态。钙镁磷肥多呈灰白色、浅绿色、墨绿色、黑褐色等几种不同颜色，为粉末状。看起来极细，在阳光的照射下，一般可见到粉碎的、类似玻璃体的物体存在，闪闪发光。用手触摸无腐蚀性，不吸潮、不结块。

2）气味。钙镁磷肥没有任何气味。

3）溶解性。不溶于水。

4）烧灼鉴别。在火上加热时，看不出变化。

（3）定性鉴定　钙镁磷肥是枸溶性磷肥，溶于弱酸，呈碱性，磷的检验同枸溶性磷的检验方法。由于钙镁磷肥的成分比较复杂，对其他成分可不进行检验。

4. 磷酸氢钙的农化性质与鉴别

（1）农化性质　无水磷酸氢钙不溶于水和柠檬酸，没有肥效。二水磷酸氢钙可以作为肥料。

（2）简易识别

1）颜色和形态。白色粉末。

2）气味。无臭，无味。

3）溶解性。微溶于水。

4）烧灼鉴别。在火上加热时，有水蒸气产生，发出咝咝声，最后变为白色粉末。

（3）定性鉴定

1）磷素的检验方法。与钙镁磷肥相同，采用枸溶性磷的检验方法。

2）钙素的检验方法。采用焰色反应检测。

三、钾素肥料的鉴别

常见的单质钾肥有氯化钾、硫酸钾等。氯化钾有红色和白色两类，以产地划分，其外形有块状、粉状和不规则粒状之分；进口氯化钾一般含氧化钾（以 $K_2O\%$ 表示）60%，国产氯化钾为 57% 或 60%。硫酸钾一般为白色结晶状颗粒或粉末，有的产品也因杂质不净而略带浅杂色。国产硫酸钾一般含氧化钾 50%。

常见的含钾复合肥有二元、三元复合肥，其钾的含量可从包装袋上 N-P_2O_5-K_2O 含量的说明中了解。硝酸钾是二元复合肥，白色结晶状颗粒，在市场上少见。

钾肥的真假辨别是很复杂的，最终要靠化验。因此，要到正规的销售网点选购化肥，以免上当受骗。这里所介绍的钾肥简易鉴别方法只是一种定性的鉴别方法，不能鉴定钾含量的高低。

［铁片燃烧法］ 将少许肥料颗粒（大或小）放在烧红的铁片上燃烧，凡是不熔融、无气味、受热产生蹦跳现象的，大致可定为钾肥。如果将铁片倾斜，使肥粒直接受高温燃烧，会出现有色火焰，金黄闪亮火焰为钠，浅黄色夹带浅紫色火焰为钾。钾肥中还有一类粉末态的，颜色可为砖红、浅红或白色，其鉴别方法也是在铁片上燃烧，钾肥表现为不熔不化，无臭味；而磷肥表现为浅灰色，虽然也不熔化，但有气味。

① 如果铁片上肥粒受高温后熔融，并有浓烟，凡是出现氨臭味的为铵态氮肥，只融无氨臭味者可能为硝酸盐。
② 如果铁片上的肥料颗粒不熔融不跳动，但有气味发酸或骨臭者，可能是磷肥。

［焰色反应法］ 用一根干净的铜丝或电炉丝蘸取少量的氯化钾或硫酸钾，放在白酒火焰上灼烧，通过蓝色钴玻璃片，可以看到紫红色火焰；若无此现象，则为伪劣产品。不过钾和钠的火焰颜色区分是很难掌握的。如果市场上遇到常规之外的劣质钾肥，如用未经提炼过的钾长石的小块状或粉状假冒钾肥，对此就只有通过化验手段测定可溶性钾的含量才可鉴别。仅靠燃烧法只能定性，不能定量。也就是说，只能辨真伪，不能裁优劣。

总之，有句俗话说得对，"便宜没好货"。用户在选购钾肥时还是要

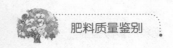

注意品质、认准品牌。

1. 氯化钾的农化性质与鉴别

（1）农化性质　氯化钾含氧化钾 60%，是一种钾肥。其肥效快，直接施用于农田，能使土壤下层水分上升，有抗旱的作用。但在盐碱地及对烟草、甘薯、甜菜等作物不宜施用。适宜用作基肥或早期追肥，但一般不宜用作种肥。

（2）简易识别

1）颜色和形态。白色结晶小颗粒粉末，外观如同食盐。

2）气味。无臭、味咸。

3）溶解性。溶于水。

4）烧灼鉴别。没有变化，但有爆裂声，没有氨臭味。通过焰色反应可观察到紫色（透过蓝色钴玻璃）。

（3）定性鉴定

1）钾离子的检验。取 1 克肥料样品放入试管中，加 10 毫升水溶解，然后滴加四苯硼钠溶液 5～10 滴，即有白色沉淀产生。将试管静置，使沉淀逐渐积累在试管底部，缓慢将上清液倒掉，加入丙酮后摇动，沉淀物溶解。通过焰色反应可观察到紫色（透过蓝色钴玻璃）。

2）氯离子的检验。与氯化铵的检验方法相同。

2. 硫酸钾的农化性质与鉴别

（1）农化性质　硫酸钾是无色结晶体，吸湿性小，不易结块，物理性状良好，施用方便，是很好的水溶性钾肥。硫酸钾也是化学中性、生理酸性肥料是一种无氯、优质高效钾肥，广泛地适用于各类土壤和作物，特别是在烟草、甜菜、茶树、马铃薯、亚麻及各种果树等忌氯作物的种植中，是不可缺少的重要肥料；它也是优质氮磷钾三元复合肥的主要原料。

（2）简易识别

1）颜色和形态。无色或白色结晶，颗粒或粉末，质硬。

2）气味。无气味，味苦。

3）溶解性。1 克肥料可溶于 8.3 毫升水、4 毫升沸水、75 毫升甘油，不溶于乙醇。氯化钾、硫酸铵可以增加其水中的溶解度，但几乎不溶于硫酸铵的饱和溶液。水溶液呈中性，pH 约为 7.0。

4）烧灼鉴别。没有变化，但有爆裂声，没有氨臭味。通过焰色反应可观察到紫色（透过蓝色钴玻璃）。

（3）定性鉴定

1）钾离子的检验。与氯化钾的检验方法相同。

2）硫酸根的检验。与硫酸铵的检验方法相同。

身边案例

红牛硫酸钾肥料案例

　　2016年正值樱桃上市季节，由于山东省莱州市的雨水充沛，光照较好，小樱桃个大而肉甜，价格也卖到了30～40元/千克，丰产又丰收，当地果农个个乐开了花。然而莱州市平里店镇前单村的单洪杰却忧心忡忡，因为他前不久施用的10余包红牛硫酸钾肥料被专家鉴定为假冒产品，这让他愤怒至极。自家4亩多的樱桃树会不会遭受肥害，还没采摘完的樱桃会不会减产等这些问题，给单洪杰赖以生存的果园蒙上了阴影。而在莱州，这样的情况不止一家。6月2号，南方农村报记者与全国知名农资维权专家甘小明前往莱州市平里店镇前单村，上门对果农购买的假冒肥料进行现场调查，发现当地果农施用的这批假冒产品是从莱州程郭镇一农资零售店购买的，当地市场监督管理局的工作人员对该店进行了调查取证。

　　如何辨别这批假冒产品？德国钾盐公司中国分公司——深圳德钾盐贸易有限公司技术经理黄高强分析，用户可从以下几个方面鉴别这批产品：一是该批假冒产品与正规产品质量不符，正规产品外包装上标识"标准状"，里面产品为灰白色粉状，而假冒的为白色颗粒；二是真品红牛硫酸钾产品都有德国钾盐集团的专用防伪标签，其防伪标签在右上方，主题颜色为黄色；三是外包装上的图文商标与正规产品有区别，在牛背与牛脚处有明显不同（彩图1）。

四、复混（合）肥料的鉴别

1. 硝酸磷肥的性质与鉴别

（1）农化性质　肥料中非水溶性磷和硝态氮约各占磷氮总量的1/2，适用于酸性土壤和中性土壤，对多种作物都有较好的效果。可用作基肥，也可用作种肥，集中施用的效果更好。但易随水流失，应优先用于旱地和喜硝作物上，在水田中施用时要注意氮素的流失。

（2）简易识别

1）颜色和形态。硝酸磷肥为灰白色颗粒，光滑明亮，硬度较大，一

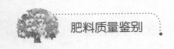

般不能用手捏碎。

2）气味。无特殊气味。

3）溶解性。硝酸磷肥易溶于水，在水中搅拌片刻，很快溶解。

4）烧灼鉴别。取几粒硝酸磷肥放在红热的烟头上，马上会有刺激性气体产生，并可观察到气泡。硝酸磷肥在烧红的木炭上烧灼能很快熔化并产生氨气。

（3）定性鉴定

1）铵离子的检验。在1支试管中加入10毫升水，取肥料样品0.5～1克放入水中，加入1～2克氢氧化钠，溶解、摇匀，在酒精灯上加热即会产生氨气。将湿润的pH试纸放在试管口上，试纸显蓝色（呈碱性反应）。

2）磷的检验。硝酸磷肥成分复杂，它既含有水溶性磷也含有枸溶性磷。所以，对硝酸磷肥中磷的检验，既要检验水溶性磷，也要检验枸溶性磷。具体方法与磷肥中磷的检验方法相同。

3）硝酸根的检验。在1支试管中加入10毫升水，取肥料样品0.5克放入水中，溶解、摇匀、过滤。取4毫升肥料溶液放入另一试管中，加1毫升乙酸-铜离子混合试剂，摇匀，加一小勺硝酸试粉（0.1～0.2克），摇动后溶液立即呈现紫红色。

4）钙离子的检验。在试管中加入10毫升水，取肥料样品0.5～1克，在水中溶解后，加入0.2克固体草酸铵和4～5滴氨水，摇动，产生白色草酸钙沉淀。加5滴乙酸，白色沉淀不溶解。

2. 磷酸二铵的农化性质与鉴别

（1）农化性质　磷酸二铵是一种高浓度的速效肥料，适用于各种作物和土壤，特别适用于喜铵需磷的作物，用作基肥或追肥均可，宜深施。

（2）简易识别

1）颜色和形态。磷酸二铵在不受潮情况下，中间为黑褐色，边缘微黄，颗粒外观稍有半透明感，表面略光滑，是不规则颗粒；受潮后颗粒颜色加深，无黄色和边缘透明感，湿过水后颗粒同受潮颗粒表现一样，并在表面泛起极少量的粉白色。真磷酸二铵油亮而不渍手，有些假磷酸二铵油得渍手；真磷酸二铵很硬，不易被碾碎，有些假磷酸二铵容易被碾碎。

2）气味。无特殊气味。

3）溶解性。真磷酸二铵在水中溶解摇匀后，静置状态下可长时间保持悬浊液状态，而有些假磷酸二铵溶解摇匀后，静置状态下很快出现分离、沉淀且液色透明。合格磷酸二铵的水溶性磷达90%以上，溶解度高，只有少许沉淀；而不合格的磷酸二铵水溶性磷含量低，溶解度也低，沉淀也相对较多。

4）烧灼鉴别。磷酸二铵在烧红的木炭上烧灼能很快熔化并产生氨气。真磷酸二铵因含氮（氨）加热后冒泡，并有氨臭味溢出，烧灼后只留下痕迹较少的渣滓，有些假磷酸二铵烧后渣滓较多。真磷酸二铵因含磷量高而易被"点燃"，假磷酸二铵不易被"点燃"。

（3）定性鉴定 磷酸二铵含有水溶性磷和枸溶性磷。所以，磷酸二铵中磷的检验，既要检验水溶性磷，也要检验枸溶性磷。磷素的检验方法与磷肥的相同。铵离子的检验方法与碳酸氢铵相同。

3. 硝酸钾的农化性质与鉴别

（1）农化性质 硝酸钾是无氯钾氮复合肥料，植物营养素钾、氮的总含量可达60%左右，主要用于复合肥料及花卉、蔬菜、果树等经济作物的叶面喷施肥料等。

（2）简易识别

1）颜色和形态。无色透明斜方晶系结晶或白色粉末。

2）气味。味辛辣而碱，有凉感。

3）溶解性。易溶于水。

4）烧灼鉴别。将一定量的木炭和硝酸钾固体混合加热时，硝酸钾固体熔化，木炭剧烈燃烧，同时放出大量的白烟。将硝酸钾放在灼红的木炭上会爆出火花。将少量硝酸钾放在铁片上加热时，会释放出氧气，这时如果用一根擦燃后熄灭但还带有红火的火柴放在上方，熄灭的火柴会重新燃烧。

（3）定性鉴定

1）钾离子的检验。与氯化钾的检验方法相同。

2）硝酸根的检验。与硝酸铵的检验方法相同。

3）其他特征。若将硝酸钾放在酒精灯上，可发出紫色火焰。与亚硝酸钴钠溶液作用，生成黄色沉淀物。

4. 磷酸二氢钾的农化性质与鉴别

（1）农化性质 磷酸二氢钾属新型高浓度磷钾二元复合肥料，含五氧化二磷52%左右，含氧化钾34%左右。烤烟需磷、钾量大，特别是需钾量大，磷酸二氢钾是用于烤烟的一种较为理想的新型肥料。磷酸二氢钾用在棉花上能够控制棉花徒长，增加棉花花苞数量；也被广泛运用于滴管喷灌系统中。磷酸二氢钾产品广泛适用于粮食、瓜果、蔬菜等几乎全部类

型的作物，具有显著的增产增收、改良优化品质、抗倒伏、抗病虫害、防治早衰等许多优良作用，并且具有克服作物生长后期因根系老化而吸收能力下降导致的营养不足的作用。

（2）简易识别

1）颜色和形态。磷酸二氢钾一般为白色、浅黄色或灰白色的结晶体或粉末。有不法分子以硫酸钾、硫酸钠等假冒磷酸二氢钾，使得用户在购买时常常无法辨别真伪。硫酸钾和硫酸钠外观发白，而磷酸二氢钾晶体透明，因此可以从外观上简单识别。

2）气味。磷酸二氢钾没有特殊气味。

3）溶解性。磷酸二氢钾完全溶解于水，没有沉淀，并且溶解的速度很快。检查溶液的酸碱性，若使 pH 试纸变红，说明溶液呈酸性。

4）烧灼鉴别。观察磷酸二氢钾烧灼时的火焰，能够发现钾离子特有的紫色火焰。在铁片上燃烧没有反应。将磷酸二氢钾放在铁片上加热，会熔化为透明的液体，冷却后凝固为半透明的玻璃状物质——偏磷酸钾。

（3）定性鉴定

1）磷的检验。磷酸二氢钾中的磷全部是水溶性磷，与过磷酸钙中磷的检验方法相同。由于磷酸二氢钾能完全溶于水，没有不溶物，所以可以省去过滤的步骤，用磷酸二氢钾溶液直接进行磷的检验。即取 3~5 克样品放入试管中，加入 20 毫升蒸馏水，再加入 5% 酒石酸 15 毫升，充分搅拌。加入 10% 钼酸铵溶液 10 毫升，如果出现黄色沉淀，那么样品里一定含有磷酸根；如果没有出现黄色沉淀，则是假的磷酸二氢钾。

2）钾离子的检验。与氯化钾中钾的检验方法相同。钾离子在中性或醋酸（HAC）性溶液中与亚硝酸钴钠 $[Na_2(Co(NO_2)_6]$ 反应生成黄色结晶形沉淀，为了排除干扰，要事先烧灼样品到不冒白烟，再溶解后取上清液，加入亚硝酸钴钠，若有黄色结晶形沉淀产物，则样品中一定含钾，否则就是假的。

3）其他特征。在磷酸二氢钾肥料溶液中加氯化钡后生成的白色沉淀为磷酸钡，易溶于盐酸。在另一份肥料溶液中加硝酸根后生成黄色磷酸银沉淀，但易溶于硝酸。肥料水溶液中加硫酸钼酸铵和氯化亚锡溶液后，显蓝色。其他特征和硫酸钾、氯化钾的相同。

目前，磷酸二氢钾的包装标识很乱，一些厂家采用欺骗手法，以磷酸二氢钾铵或混合肥料冒充磷酸二氢钾，如把"磷酸二氢钾"几个字写得很大，"铵"字写得很小；在包装袋右上方用小字标"高效复合肥 I

（Ⅱ）型"，中间则用大字标上磷酸二氢钾；在包装袋上标注"磷酸二氢钾Ⅱ型"。这3种情况的标注，说明该肥料由氮、磷、钾组成，但众所周知，磷酸二氢钾只含磷、钾，并不含氮，且国家标准中的磷酸二氢钾也没有Ⅰ、Ⅱ型之分。

5. 复混肥料的农化性质与鉴别

（1）农化性质 外观应是灰褐色或灰白色颗粒状产品，无可见机械杂质存在。有的复混肥料中伴有粉碎不完全的尿素的白色颗粒结晶，或在复混肥料中尿素以整粒的结晶单独存在。复混肥稍有吸湿性，吸潮后颗粒易粉碎，无毒、无味、无腐蚀性，仅能部分溶于水。将复混肥料放在火焰上加热时，可见到白烟产生，并可闻到氨味，肥料不能全部熔化。

（2）简易识别

1）颜色与形态。无机复混肥多为白色颗粒状，也有的由于采用红色的氯化钾作为原料，呈红色颗粒状，直径为1~4毫米大小的颗粒占90%以上。假冒无机复混肥颗粒性差，多为粉末状，颜色为灰色或黑色。国家标准规定三元低浓度复混肥料的水分含量应小于或等于5%，如果超过这个指标，抓在手中会感觉黏手，并可以捏成饼状。优质复混肥颗粒一致，无大硬块，粉末较少，可见红色细小钾肥颗粒或白色尿素颗粒。含氮量较高的复混肥，存放一段时间后在肥粒表面可见许多附着的白色微细晶体，劣质复混肥没有这些现象。

2）气味。复混肥料一般来说无异味（有机—无机复混肥除外），如果有异味，是由于基础原料氮肥为农用碳酸氢铵，或是基础原料磷肥中含有毒物质——三氯乙醛（酸）。三氯乙醛（酸）进入农田后轻则引起烧苗，重则使农作物绝收，而且毒性残留期长，影响下一季作物生长。因此，用户最好不要买有异味的复混肥。

3）溶解性。无机复混肥溶解性能良好。将几粒复混肥放入容器中，加少量水后迅速搅动，颗粒会迅速消失，消失越快，说明无机复混肥的质量越好。溶解后即使有少量沉淀物，也较细小。劣质无机复混肥溶解性差，放入水中搅动后不溶解或溶解少许，留下大量不溶的残渣，且残渣粗糙而坚硬。

4）烧灼鉴别。将复混肥放在烧红的木炭上或燃烧的香烟头上，优质复混肥会马上熔化并呈泡沫沸腾状，同时有氨气放出；劣质复混肥不会熔化或熔化极少的一部分。取少量复混肥置于铁皮上，放在明火中烧灼，有氨臭味说明含有氮，出现黄色火焰说明含有钾。氨臭味越浓，紫色火焰越

长的是优质复混肥。反之，为劣质品。

（3）定性鉴定　由于复混肥料是多种单质肥料的物理混合，而且在生产过程中加入填充物、黏结剂、防结块剂等多种成分，一般不能完全溶于水，在成分检验时必须过滤。另外，有些复混肥料溶散性差，颗粒放入水中不能自行溶散，需要研磨成粉后才能进行检验。

1）主要离子鉴定。具体操作方法：取肥料样品 3~5 克，放在研钵中碾成粉状，将粉碎后的肥料样品放在烧杯中，加水 50 毫升，用玻璃棒搅动 5~10 分钟，过滤到另一个玻璃烧杯中备用。然后，取 10 毫升滤液，按碳酸氢铵中铵的检验方法，检验铵态氮的存在；或取 4~5 毫升滤液，按磷酸铵中磷酸根的检验方法，检验硝态氮的存在；或取 4~5 毫升滤液，按过磷酸钙中水溶性磷的检验方法，检验水溶性磷的存在；或取 10 毫升滤液，按氯化钾中钾离子的检验方法，检验钾的存在。由于混合肥料中含有的铵态氮和钙、镁离子会干扰钾的检验，所以在加四苯硼钠之前应加几滴四滴甲醛以消除铵离子的干扰，加几滴 EDTA 溶液以消除钙、镁离子的干扰，然后再加四苯硼酸钠。

2）枸溶性磷的检验。检验枸溶性磷的存在应另制作提取液，即取肥料样品 1 克，在研钵内碾成粉状，放入烧杯中加 2% 柠檬酸溶液 10 毫升，用玻璃棒搅动 5~10 分钟后过滤。取滤液 5~6 毫升放入试管中，用钙镁磷肥中磷的检验方法，检验枸溶性磷的存在。

五、微量元素肥料的鉴别

1. 农业用硫酸锌的农化性质与鉴别

（1）农化性质　锌是植物正常生长所不可缺少的微量营养元素之一。锌与植物生长素、氮代谢、有机酸代谢及酶反应均有密切关系，在植物生命活动中的生理作用是极大的。锌肥具有促进作物早发、早熟，增强作物抗逆性，增加粒重等作用。在农业生产中，施用锌肥能获得大幅度的增产效果。

（2）简易识别

1）颜色与形态。七水硫酸锌为无色斜方晶体，农用硫酸锌因含微量的铁而显浅黄色。七水硫酸锌在空气中部分失水而成为一水硫酸锌，一水硫酸锌为白色粉状。两种硫酸锌均不易吸收水分，久存不结块。

2）气味。无臭，味涩。

3）溶解性。本品在水中极易溶解，在甘油中易溶，在乙醇中不溶。

水溶液无色、无味，显酸性。

（3）定性鉴定　将样品用蒸馏水溶解，分成 2 份试样，一份加入经硝酸酸化处理的硝酸钡溶液，以检验硫酸根离子。另一份加入氢氧化钠溶液，会生成沉淀而后逐渐溶解（氢氧化锌有两性），但也有可能是硫酸铝，需要再加入氢硫酸（硫化氢水溶液），生成硫化锌，烘干，置于空气中会生成硫酸锌，质量会增加，所以可以用称质量的方法看质量是否增加。

目前，硫酸锌的质量问题很多，用户在购买时一定要慎重。目前市场上大量销售的"镁锌肥""铁锌肥"，含锌量只有真正锌肥的 20% 左右，是一种质量差、价格高、肥效低的锌肥，请大家购买时一定要认清商品名称。

2. 农用硫酸铜的农化性质与鉴别

（1）**农化性质**　农业上将其作为杀菌剂，也作为微量元素肥料使用。铜在植物体内的功能是多方面的，它是多种酶的组成成分，铜与植物的碳素同化、氮素代谢、吸收作用及氧化还原过程均有密切联系。铜有利于作物的生长发育，影响其光合作用，能提高作物的抗寒、抗旱能力，增强植株抗病能力。

（2）**简易识别**

1）颜色和形态。硫酸铜为三斜晶体，若含钠、镁等杂质，其晶块的颜色随杂质含量的增加而逐渐变浅。如果含铁，其结晶颜色常为蓝绿色、黄绿色或者浅绿色，色泽不等，观察时可用质量较好的硫酸铜作为参照。

2）气味。无臭。

3）溶解性。溶于水，水溶液具有弱酸性。

4）烧灼鉴别。加热至 110℃ 时，失去 4 个结晶水变为蓝绿色，高于 150℃ 形成白色易吸水的无水硫酸铜。加热至 650℃ 高温，可分解为黑色氧化铜并有刺鼻气味产生。

（3）**定性鉴定**

1）方法一：第一步，将少量样品放入瓷碗中，加 20 倍左右样品体积的水进行溶解，溶化后观察颜色是天蓝色还是蓝绿相间，后者含铁杂质。第二步，如果溶液是天蓝色，将一根普通铁丝放入其中，静置 1 天后取出铁丝冲洗后观察，如果铁丝表面有一层颜色均匀、手感平滑的黄红色金属，即证明了该物品为真硫酸铜。

2）方法二：第一步，取预先研细的待测样品和纯品硫酸铜各 1 克左右（花生米大小），分别放入 2 个水杯中，加洁净水 100 毫升，摇动几分钟，使晶块完全溶解为止。第二步，量取上述浑浊液各 5 毫升左右，分别置于 2 个玻璃杯中，均加入碳酸氢铵约 0.5 克，摇动 1~2 分钟，使其充分反应、显色，放置 10 分钟后，进行观察比较。若两种溶液的颜色相同，不产生沉淀和沉淀物很少，则证明样品质量合格；若待测样品溶液的蓝色比纯品浅时，说明其有效成分含量较低，可能含有部分钠、镁、钾等杂质；若样品中出现大量沉淀，则表明样品中含有较多的铁、铝、锌或钙等杂质，沉淀越多，其有效成分越低。

3. 硫酸亚铁的农化性质与鉴别

（1）**农化性质**　常作为微量元素肥料使用，是植物制造叶绿素的催化剂，对植物的吸收有重要作用，也可用作化肥、除草剂及农药。铁在植物体内是一些酶的组成成分，是一些重要氧化酶和还原酶的活性部位，起着传递的作用。铁有利于叶绿素的形成，能促进氮素代谢正常进行，增强植株抗病性。

（2）**简易识别**

1）颜色和形态。硫酸亚铁为绿中带蓝色的单斜晶体，在空气中渐渐风化和氧化而呈黄褐色，此时的铁已变成三价，大部分植物不能直接吸收三价铁。

2）气味。无臭，味咸、涩，具有刺激性。

3）溶解性。可溶于水，水溶液为浅绿色，呈酸性。

4）烧灼鉴别。将硫酸亚铁放在坩埚内，置于电炉上加热，真硫酸亚铁首先失去结晶，变成灰色粉末，继续加热，则硫酸亚铁被氧化成硫酸铁粉末而变成土黄色，高热时放出刺鼻气味。否则，样品为假硫酸亚铁。

（3）**定性鉴定**

1）亚铁离子检验。将样品溶于水中，取少许溶液置于试管中，加 1 滴冰乙酸，再加 10% 铁氰化钾溶液 1 滴，若出现蓝色沉淀，则表明溶液含有亚铁离子。

2）硫酸根离子检验。与硫酸铵的检验方法相同。

4. 硼砂的农化性质与鉴别

（1）**农化性质**　硼是农作物生长发育过程中不可缺少的微量元素之一。硼对作物生理过程有三大作用：一是促进作用，硼能促进碳水化合物的运转，作物体内含硼量适宜，能改善作物各器官的有机物供应，使作物生长正常，提高结实率和坐果率。二是对受精过程有特殊作用。它在花粉中的量，以柱头和子房含量最多，能刺激花粉的萌发和花粉管的伸长，使授粉能顺利进行。作物缺硼时，花药和花丝萎缩，花粉不能形成，表现出"花而不实"的病征。三是调节作用，硼在作物体内能调节有机酸的形成和运转。缺硼时，有机酸在根中积累，根尖分生组织的细胞分化和伸长受到抑制，发生木栓化，引起根部坏死。硼还能增强作物的抗旱、抗病能力和促进作物早熟。

（2）简易识别

1）颜色和形态。真硼砂为白色细小晶体，看起来与绵白糖极像，而假冒品为白色柱状结晶颗粒，晶粒大小类似白砂糖，甚至比白砂糖粒还大，有的略带微黄色，挤压假冒品的包装会发出沙沙声。

2）气味。味甜略带咸。

3）溶解性。可溶于水，易溶于沸水或甘油中。取硼砂样品如花生粒大小，置于杯中，加半杯水。真硼砂在冷水中的溶解度极小，所以溶化速度很慢，而假冒品稍微搅拌便迅速溶解。还可用 pH 试纸测试硼砂溶液的酸碱性，真硼砂为弱酸强碱性，pH 为 9.0 ~ 10.0，而假冒品 pH 为 6.0 ~ 7.0。

4）烧灼鉴别。易熔融，真肥料初加热时体质膨大松松似海绵，继续加热则熔化成透明的玻璃球状。

（3）定性鉴定

1）检查硼酸盐。取本品水溶液，加盐酸成酸性后，能使姜黄试纸变成棕红色；放置干燥，颜色即变深，用铵试液湿润，即变为绿黑色。

2）检查钠盐。取铂丝，用盐酸湿润后，蘸取样品粉末，在无色火焰中燃烧，火焰即显鲜黄色。

六、缓释肥料的鉴别

目前市场上的缓释肥料品种多，良莠不齐，其真假优劣让人困扰，主要存在的问题分析为：一是在肥料表面上染色，冒充树脂包膜尿素；二是在包装上标注执行 GB/T 23384—2009 标准，却用硫黄包衣的尿素、脲甲醛的产品颗粒等；三是按照 GB/T 23348—2009 标准控氮量必须达到 8%，有的企业为降低价格往往达不到这个比例。以上现状导致用户对部分缓释肥的肥效表示失望，根本原因是控释技术不过关或控释氮的比例过低。

如何简单有效地鉴别缓释肥的产品的真伪，可参照下面几种简便易行的方法。

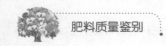

1. 检查包膜法

缓释肥的包衣材料是树脂，如果是热塑性树脂一般用指甲盖就可以拨开膜，一般厚度只有 20～100 微米，揭下膜后，它是包在肥料上的一个完整的膜；如果是热固性树脂，膜比较难拨开，可用小刀轻轻切开，然后再撕开膜，厚度也是 20～100 微米。包衣比例一般为 3%～10%。包硫尿素，一般是金黄色的，如果染色，也很容易看到它的底色是金黄色的。包硫尿素不是控释肥，现在之所以控释肥满天飞，就是因为很多小厂把包硫尿素冒充控释肥，就是大家所说的概念炒作。

2. 水溶对比法

分别将缓释肥和普通复合肥放在 2 个盛满水的玻璃杯里，轻轻搅拌几分钟，复合肥会较快溶解，颗粒变小或完全溶解，水质浑浊；而缓释肥则不会溶解，且水质清澈，无杂质，颗粒周围有气泡冒出。

因为缓释肥的核心是三元复合肥料，所以将剥去外壳的缓释肥放在水中，会较快溶解，若剥去外壳不溶解的，是劣质肥料或是假肥料。

不能根据颜色辨别。有些厂家仿冒缓释肥的颜色，把普通肥做成与缓释肥相同的颜色，如果放在水里缓释肥脱色，水质浑浊且带色，说明是仿冒产品，真正的缓释肥外膜是不脱色的。

3. 热水冲泡法

这种检测方法比较容易且快速。缓释肥在热水中虽然释放加快，但比普通肥料要慢很多。将热水倒入装有肥料的容器中，等水冷却到常温后，用手指用力地捏肥料，如果发软的或一捏就碎的肥料占大多数，则不是缓释肥；如果发软的是极少数，则可以基本确定是缓释肥。

如果将上述几种方法结合起来，就可以 100% 地确定是否是真缓释肥。缓释肥必须用热水，这叫"真缓释肥不怕热水炼"。

对于市场上常见的掺混型缓释肥，可将其中的控释颗粒分拣出来按以上方法鉴别。

七、生物有机肥料的鉴别

生物有机肥是我国新型肥料中技术含量最高的产品之一，近年来以其特有的促进生长、防病抗病效果得到认可。生物有机肥产生明显作用的关键因素是"活的＋具有特殊功能的＋微生物菌种"，因其技术太强，一般肥料行政监管部门检测技术跟不上，导致市场鱼目混珠，用户分不清，很难识别质量的真伪。特别是有机肥与普通商品有机肥料更难辨别，主要原因是从外形上看，生物有机肥与普通商品有机肥料十分相似，普通方法无法区分，而特定功能又是看不见摸不着的，那么怎样区别它们呢？

1. 查看包装是否规范

（1）产品登记证　规范的产品、包装右上角应有农业农村部微生物肥料登记证号（注：省级部门无登记权），证号的正确表示方法为："微生物肥（登记年）临字（编号）号"或"微生物肥（登记年）准字（编号）号"。

（2）产品技术指标　包装中上部是否有有效活菌数（cfu）的技术指标，表示方式为有效活菌数（cfu）≥0.2亿/克，登记时农业农村部只允许标注≥0.2亿/克、0.5亿/克（严格规定，在保存期的最后一天必须要达到这个数值）。一些企业为了迎合市场，刻意标成几十亿，这是不科学的（目前的技术很难达到），也是错误的。

（3）产品有效期　包装的背面下部是否有产品有效期规定，标准规定大于6个月。因为生物有机肥的特殊功能（菌种是活的、有生命的），随着产品保存时间的延长，特殊功能菌种的有效活菌数会不断减少，所以产品有效期标得太长（超过6个月）是对用户不负责。

2. 检查肥料外观是否正常

（1）看含水量　生物有机肥料的关键作用是靠"特殊功能的微生物菌种"，产品含水量太高或太低都不利于菌种的存活，所以从含水量参考判断比较直接。判断方法：抓一把肥料在阳光下观察物料是否阴潮，抛起来看是否起灰尘。阴潮结块、干燥成灰都非正常产品。

（2）闻气味　在生物有机肥料中所使用的有机肥料载体是由多种有机营养物质组成的"套餐"（如菜粕、黄豆粉等发酵制成），即是多种原料组合，在光线下观察应该能看到多种原料组成的痕迹，或能闻到原料的特殊气味。在选购该肥料时应在晴天选购，这样较易分辨。

3. 进行效果试验

生物有机肥料的特殊作用是通过"特殊功能的微生物菌种"体现的，假如产品中没有"特殊功能的微生物菌种"或者含量不高、能力不强是影响使用效果的关键。一是取少量产品加一点自来水调成面团状，放在冰箱里使之结成冰块，第二天在太阳下融化，这样经过至少 3 次反复冻融，肥料中的菌种将会被冻死（细胞结冰，形成冰针刺破细胞），数量将会大幅度减少，通过菌种所起的作用也就基本消除了。二是将原产品与反复冻融过的生物有机肥料，在相同的田块里进行试验比较或者小盆钵试验（用量根据说明），定期观察比较两者差异，如果差异不明显，则说明该生物有机肥产品中的"特殊功能的菌种"的功能不强或者数量不够，甚至没有。

在效果试验中，即使观察原产品与反复冻融的两种肥料之间田间生长效果很好，但彼此之间差异不明显，也只能理解为厂商为了提高效果在肥料生产过程中可能添加了一些促进生长的物质，而不是特殊功能的微生物菌种的作用，这种肥料作用效果有限，不能作为生物有机肥。

4. 快速有效鉴别有机肥、生物有机肥优劣的方法

（1）操作方法　取 30～50 克有机肥或生物有机肥，放入玻璃杯或透明杯中，倒入 100 毫升清水，用玻璃棒或细木棒搅拌 1 分钟，放在明亮处静置 10 分钟。

（2）观察和判断　通过观测杯中的沉淀来区分有机肥或生物有机肥中的杂质含量。沉淀在杯底浅灰色区是泥沙石；中间区域褐色部分为有机物料；最上层是草、烟丝等。通过观察水溶液来区分有机肥或生物有机肥的腐熟程度，看肥效：水溶液颜色越浅肥效越差（浅色、浅黄色肥效低；褐色肥效佳）。1 小时内水溶液完全变成褐色说明该有机肥或生物有机肥腐熟过头，肥效有速效而无后效，作物生长中后期会脱肥，缺少后劲；1 天后水溶液变化不大、颜色浅说明该有机肥或生物有机肥肥效差。水溶液颜色慢慢变深，1 天后完全变成褐色，说明该有机肥或生物有机肥迟速效兼备肥效好。

一些用户的经验（一看二泡三火燎）也可借鉴。

一看：优质生物有机肥一般以优质鸡粪为原料，养分较高，比较松散，颜色呈黑褐色；劣质生物有机肥一般呈黑色，并且不够松散。

二泡：真颗粒有机肥会在短时间内溶解在水中，颜色呈灰黑色，但没有杂质；假的会有大量不溶解于水的杂质。

三火燎：将少量有机肥放在铁板上，置于火源上，在短时间内真品会起烟、焦化，很少有残留物；假的会留下大量残留物。

温馨提示

怎样快速区分生物有机肥和有机肥？

① 肉眼鉴别。生物有机肥在有益微生物作用下，发酵腐熟充分，外观呈褐色或黑褐色，色泽比较单一；而其他有机肥因生产操作不同，产品颜色各异，如精制有机肥为粪便原色，农家肥是露天堆制，颜色变化较大。

② 水浸闻味。将不同的有机肥分别放在盛有水的杯子内，精制有机肥和农家肥因为经发酵或发酵不彻底，散发出较浓的臭味，而生物有机肥则不会发生这种现象。

身边案例

假冒有机肥生产原料大揭秘

（1）城市污水沉淀的污泥　虽然含有一定量的有机质和氮磷钾成分，这类原料不用花钱，加工成本很低，但重金属和大肠杆菌严重超标，易引发作物死根、死树现象，所结果实被人吃后易引发恶性癌变（彩图2）。

（2）工业废水沉淀的污泥　这类污泥虽然也含有大量元素和有机质，但是，重金属也是严重超标，可引发作物烂根、死树，严重污染土壤（彩图3）。

（3）造纸厂的下脚料　这种肥料，主要成分是木质素，是极难吸收的一种有机质。何况在造纸的过程中要加进许多化学原料，而这些原料绝大部分存留在下脚料里，对土壤的破坏作用很大，对树根的影响也很大（彩图4）。

（4）风化煤　它属于表观的有机质，不能成为土壤微生物的碳源，风化煤中真正有效的成分是腐殖酸，但不经深加工便是无效的有机养分（彩图5）。

（5）味精厂的下脚料　呈强酸性，虽然是粮食下脚料，但不一定是有机肥的好原料（彩图6）。

八、水溶肥料的鉴别

随着我国农业现代化水平的提高和水肥一体化技术的推广，水溶肥料

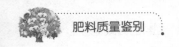

越来越得到广泛应用，逐渐成为市场热点，众多厂商开始涉足水溶肥料的生产和销售，相关产品也可谓琳琅满目。但由于我国水溶肥料发展较晚，标准尚不健全，市场集中度低，导致产品质量参差不齐，对用户选择水溶肥时造成了一定难度。对于如何鉴别水溶肥的好坏，有关专家给出了以下建议。

1. 看配方

大量元素水溶肥料实际上就是配方肥，根据不同作物、不同土壤和不同水质配制不同的配方，以最大限度地满足作物营养需要，提高肥料利用率，减少浪费，所以配方是鉴别水溶肥好坏的关键。

（1）看氮、磷、钾的配比　一般高品质的水溶肥料都会有好几个配方，从苗期到采收一般都会找到适宜的配方使用。如常用的高钾配方，根据一般作物坐果期的营养需求，氮∶磷∶钾的配比控制在 2∶1∶4 的效果最好，配比不同效果会有很大差异，大家可以看一下市场上效果表现好的产品，都会遵循这一配比。

（2）微量元素全不全、配比是否合理　好的水溶肥料，6 种微量元素都必须含有，而且要有一个科学的配比，因为各营养元素之间有一个拮抗和协同作用的问题，不是一种或者几种元素含量高了就好，而是配比科学合理了才好。我国市场上有不少水溶肥料，个别微量元素如硼、铁等含量比较高，实际上效果并不见得好，吸收利用率也并不见得高。

2. 看登记作物

目前我国水溶肥料实行的是农业农村部肥料登记证管理办法，一般都会在包装上注明适宜的作物，对于没有登记的作物需要有各地的使用经验说明。

3. 看含量

好的水溶肥料选用的是工业级甚至是食品级的原材料，纯度很高，而且不会添加任何填充料，因而含量都是比较高的，100% 都是可以被作物吸收利用的营养物质，氮、磷、钾总含量一般不低于 50%，单一元素含量不低于 4%；微量元素含量是铜、锌、铁、锰、钼、硼等元素之和，产品应至少包含一种微量元素，单一微量元素含量应不低于 0.05%。

差的水溶肥料一般含量低，每少一个含量，成本就会有差异，肥料的价格也会有所不同；同时低含量的水溶肥料对原料和生产技术的要求比较低，一般采用农业级的原材料，含有比较多的杂质和填充料，这些杂质和填充料，不仅对土壤和作物没有任何益处，还会对环境造成破坏。

4. 看养分标注

高品质的水溶肥料对保证成分（包括大量元素和微量元素）标注的非常清楚，而且都是单一标注，养分含量明确。非正规厂家的养分含量一般会以几种元素含量总和大于百分之几的字样出现。

5. 看标准和登记证号

通常说的水溶肥料都有执行标准，一般为农业农村部颁发的行业标准（表4-4）。如果出现以 GB 开头的或与表4-4不符的标准产品都是不合格产品。水溶肥料目前实行的农业农村部肥料登记证管理办法，一般都有登记证号，可按前述方法在农业农村部官网上查询。

表4-4　水溶肥料的标准与技术指标

水溶肥料	标 准 号	指标名称	技术指标（%）
大量元素水溶肥料	NY1107—2010	大量元素	≥50.0
		中量元素	≥1.0
		大量元素	≥50.0
		微量元素	0.2～3.0
微量元素水溶肥料	NY1428—2010	微量元素	≥10.0
		游离氨基酸	≥10.0
含氨基酸水溶肥料	NY1429—2010	中量元素	≥3.0
		游离氨基酸	≥10.0
		微量元素	≥2.0
		腐殖酸	≥3.0
含腐殖酸水溶肥料	NY1103—2010	大量元素	≥20.0
		腐殖酸	≥3.0
		微量元素	≥6.0

6. 看防伪标识

一般正规厂家生产的水溶肥料在肥料包装袋上都有防伪标识，它是肥料的"身份证"，每包肥料的防伪标识是不一样的，刮开后在网上或打电话输入数字后便可知肥料的真假。

7. 看重金属标注

正规厂家生产的水溶肥料的重金属离子含量都是低于国家标准的，并且有明显的标注。

8. 看水溶性

作物没有牙齿，不能"吃"肥料，只可以"喝"肥料，因而只有完全溶解于水的肥料才可以被作物吸收和利用。鉴别水溶肥料的水溶性只需要把肥料溶解到清水中，看溶液是否清澈透明，如果除了肥料的颜色之外和清水一样，说明其水溶性很好；如果溶液有浑浊甚至有沉淀，说明其水溶性很差，不能用在滴灌系统，肥料的浪费也会比较多。

9. 闻味道

作物和人一样，喜欢吃味道好的东西，有刺鼻气味或者其他异味的肥料同样不被作物喜欢。因此，可以通过闻味道来鉴别水溶肥料的品质。好的水溶性肥料都是用高纯度的原材料做出来的，没有任何味道或者有一种非常淡的清香味；而有异味的肥料要么是添加了激素，要么是有害物质太多，这种肥料用起来见效很快，但对作物的抗病能力和持续的产量、品质没有任何好处。

10. 做田间对比

通过以上几个简易方法对水溶肥料进行初步筛选后，接下来做田间对比，通过实际的应用效果确定选用什么水溶肥料。好的肥料见效不会太快，因为养分有个吸收转化的过程。好的水溶肥料用上两三次就会在植株长势、作物品质、作物产量和抗病能力上看出明显的不同来，用的次数越多区别越大。

温馨提示

假冒伪劣水溶肥料的十大特征

① 国产肥料假冒进口肥料。比如包装标称产自外国，或外国为原料国，却标"国内肥料标准"或"生产许可证"；标"进出口企业代码"等的肥料，实为国产肥料。

② 乱起肥料商品名称。

③ 国外名称作为肥料名称。比如"德国保果素""美国神肥"等以国家名当作肥料的产品名称。

④ 使用过期失效的肥料登记证。

⑤ 夸大肥料产品功效，标注生产许可证，而水溶肥料不属生产许可范围。比如"小麦高产王""大豆高产王"。

⑥ 无产品标准，虚假标注。如"活性高钾"，国内无"活性高钾"的命名规定和标准。

⑦ 肥料登记证一证多用。

⑧ 未取得农业农村部颁发的肥料登记证。

⑨ 使用过期失效的企业产品标准。

⑩ 乱用产品标准，使用植物调节剂名称为产品名。

身边案例

假冒国外进口水溶肥料案例

《南方农村报》记者跟随全国知名农资打假专家甘小明前往海南各地，对反映问题较多的肥料农资市场进行专项调查。在走访过程中发现，除少量农药、复合肥、有机肥外，销售假冒"进口水溶性肥料"的现象在海南各地乡镇农资店尤为猖狂，造假手段也是层出不穷。

假冒产品1：挪威、以色列、美国公司共用同一个肥料登记证号（彩图7）。经查以下4个产品背面均标有同一肥料登记证号。根据国家相关规定，进口水溶肥料，必须要取得农业农村部颁发的肥料登记证，否则禁止销售。4个产品背面均用繁体字标有"瓊農肥（2007）準字35號"，不是农业农村部颁发的肥料登记证；以上4个产品背后均用繁体字标有"標準證號NY1428—2007"，该标准证名是《微量元素水溶性肥料》，不是挪威、以色列、美国生产的钾宝。

假冒产品2：夸大功效的"挪威鱼蛋白""挪威钾钙"（彩图8）。经查以下2个产品背面均标有同一肥料登记证号，进口水溶性肥料必须要取得农业农村部颁发的肥料登记证。"鲁农肥（2008）临字0089号"，是山东省农业厅颁发的肥料登记证，说明是国产肥料。标有执行标准NY1107—2006，该标准号的产品名称是《大量元素水溶肥料》，而不是挪威生产的鱼蛋白。

假冒产品3：标称"创造中国肥料第一品牌"却是"三无产品"（彩图9）。根据《中华人民共和国产品质量法》《中华人民共和国标准化法》的相关规定，任何生产企业生产的产品，必须要有产品标准。

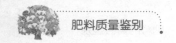

禁止生产、销售无标产品。该产品包装上没有标明生产单位、产品执行标准、肥料登记证号，以及产品有效含量指标，属于"三无产品"。标称"韩国智理山科学作物营养研究株式会社""以色列卡米尔国际集团有限公司"，误导消费为进口产品。国家各相关部门早已明文规定，禁止乱评比，乱排序，"创造中国肥料第一品牌"纯属虚假宣传。

假冒产品4：虚假标识含生物菌、抑制线虫功效（彩图10）。国家没有"氨基酸生态肥"的命名规定和产品标准，擅自乱取肥料名称，以国产肥料仿进口肥料。挪威海宝肥标有中国的产品标准号，冒充进口肥，并夸大"抑线虫"等功效，是虚假宣传。

参 考 文 献

[1] 崔德杰，金圣爱. 安全科学施肥实用技术 ［M］. 北京：化学工业出版社，2012.

[2] 崔德杰，杜志勇. 新型肥料及其应用技术 ［M］. 北京：化学工业出版社，2017.

[3] 陈清，陈宏坤. 水溶性肥料生产与施用 ［M］. 北京：中国农业出版社，2016.

[4] 葛金良，景峰. 浅谈肥料包装标识存在的问题及识别方法 ［J］. 内蒙古石油化工，2013（24）：57-58.

[5] 鲁剑巍，曹卫东. 肥料使用技术手册 ［M］. 北京：金盾出版社，2010.

[6] 李三省. 化肥标签不规范标注的常见招法 ［J］. 中国质量技术监督，2014（9）：60-61.

[7] 罗林明，黄耀蓉，蒋凡. 农药种子肥料简易识别及事故处理百问百答 ［M］. 北京：中国农业出版社，2012.

[8] 刘善江，相里炳铨. 真假化肥的判别 ［M］. 北京：中国计量出版社，2000.

[9] 马国瑞，侯勇. 肥料使用技术手册 ［M］. 北京：中国农业出版社，2012.

[10] 农业部肥政药政管理办公室. 肥料登记指南 ［M］. 北京：中国农业出版社，2002.

[11] 宋志伟. 土壤肥料 ［M］. 4版. 北京：中国农业出版社，2015.

[12] 宋志伟，武金果. 肥料配方师 ［M］. 北京：中国农业出版社，2016.

[13] 宋志伟，杨首乐. 无公害经济作物配方施肥 ［M］. 北京：化学工业出版社，2017.

[14] 宋志伟，等. 粮经作物测土配方与营养套餐施肥技术 ［M］. 北京：中国农业出版社，2016.

[15] 宋志伟，等. 农业生产节肥节药技术 ［M］. 北京：中国农业出版社，2017.

[16] 涂仕华. 常用肥料使用手册（修订版）［M］. 成都：四川科学技术出版社，2014.

[17] 武翻江，李城德，蒋春明. 肥料质量安全知识问答 ［M］. 北京：中国计量出版社，2010.

[18] 奚振邦，黄培钊，段继贤. 现代化学肥料学（增订版）［M］. 北京：中国农业出版社，2013.

[19] 赵秉强，等. 新型肥料 ［M］. 北京：科学出版社，2013.

[20] 张洪昌，段继贤，廖洪. 肥料应用手册 ［M］. 北京：中国农业出版

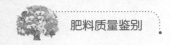

社，2011.

[21] 张洪昌，段继贤，赵春山. 肥料安全施用技术指南 [M]. 北京：中国农业出版社，2014.

[22] 张洪昌，李星林，赵春山. 肥料质量鉴别 [M]. 北京：金盾出版社，2014.

[23] 张延光，谭永泉. 农用化肥的识别与防伪技术探讨 [J]. 农技服务，2016，33（5）：119-121.